花と動物の
共進化をさぐる

身近な野生植物に隠れていた新しい花の姿

種生物学会　編

責任編集　川北 篤

文一総合出版

クロユリ（撮影／川北篤）
暗赤色の花を訪れる送粉者については第5章を参照

Exploring Coevolution of Flowers and Pollinators

-A new look at flowers revealed from studies of familiar wild plants-

edited by

Atsushi KAWAKITA

The Society for the Study of Species Biology (SSSB)

Bun-ichi Sogo Shuppan Co.
Tokyo

種生物学研究　第 40・41 号
Shuseibutsugaku Kenkyu　No. 40/41

責任編集　　　川北　篤　（東京大学）
種生物学会 和文誌編集委員会
（2019 年 1 月〜 2021 年 12 月）

編集委員長　　川北　篤　（東京大学）
副編集委員長　山尾　僚　（弘前大学）
編集委員　　　石濱 史子　（国立環境研究所）
　　　　　　　奥山 雄大　（国立科学博物館）
　　　　　　　川窪 伸光　（岐阜大学）
　　　　　　　工藤　洋　（京都大学）
　　　　　　　坂田 ゆず　（秋田県立大学）
　　　　　　　佐藤 安弘　（チューリッヒ大学）
　　　　　　　陶山 佳久　（東北大学）
　　　　　　　富松　裕　（山形大学）
　　　　　　　永野　惇　（龍谷大学）
　　　　　　　西脇 亜也　（宮崎大学）
　　　　　　　藤井 伸二　（人間環境大学）
　　　　　　　村中 智明　（鹿児島大学）
　　　　　　　矢原 徹一　（九州大学）
　　　　　　　吉岡 俊人　（新潟食料農業大学）

はじめに：

　植物の受粉は，昆虫や鳥などの動物，つまり他者の仲立ちを必要とする点において，生物の配偶方法として極めてユニークである。風に花粉を飛ばすことで，動物の助けを借りずに受粉を成し遂げる植物もあるが，地球上に存在する約30万種の被子植物のうち，実に9割までもが受粉の過程で動物の助けを必要とする。固着性であることの制約から植物を解放し，陸上のさまざまな環境での繁栄を可能にするうえで，受粉を動物に委ねることがいかに有効であったかの証であろう。

　しかし，どのような花でも咲かせれば良いということではもちろんない。より確実に動物を花に引き寄せるためには，より動物に好まれる花の色や匂いや，蜜などの報酬をもつことが必要である。どんな花をつけるのが最適かは，それぞれの生育環境や，周りにどのような花が咲いているかによっても変わるため，種によってさまざまだ。豊富な蜜を提供し，目立つ色や形でさまざまな昆虫を花に引き寄せる植物もあれば，地味な花をつけ，特定の昆虫を，特別な匂いによって誘引する植物もある。自然界に見られる花の多様性は，こうした植物たちのいわば「創意工夫」の結果であり，もし動物に受粉を託すという進化がなければ，植物がつくり上げる世界は今よりずっと彩りを欠いたものになっていただろう。

　花粉が運ばれて受粉に至るまでの過程を送粉 pollination といい，送粉を仲立ちする生物を送粉者 pollinator と呼ぶ。本書は，2016年12月に開催された第48回種生物学シンポジウム「日本列島の植物に秘められた送粉生態学の新しい世界」の内容をもとに，シンポジウムの講演者の方々に，主に日本の野生植物を用いた，送粉に関する最新の研究成果をご執筆いただいたものである。花と動物の関係と聞くと，日本の野生植物でわかっていないことなど残されていないのでは，と思われるかもしれない。しかし，とりわけここ20年ほどの間に，日本の野生植物だけでも，私たちの花に対する既成概念を大きく変えるような新しい花と動物の関係が数多く明らかになった。特に私にとって印象的なのは，こうした発見が，近寄りがたい山奥の珍しい植物ではなく，それこそ野山に行けば誰もが目にするような植物で多くなされたことだ。身近な野生植物の中に

も，私たちがまだ知らない植物の世界が広がっているのである。

第1章では，これまでに知られている送粉様式の多様性について，主に日本の野生植物に焦点を当てて私が解説した。この章を読まなくても以降の章の内容は十分理解できるので，この分野の全体像を知りたい場合に第1章を参照していただきたい。第2章から第10章までが実際の研究の紹介で，より短い話題はコラムとしてご提供いただいた。どの章やコラムも個性豊かで，花の研究の醍醐味が感じられるものばかりである。これまでの「種生物学研究」シリーズと同様，本書も研究内容そのものだけでなく，研究を始めたきっかけや，研究を進めるうえでの苦労話などを含めていただいた。花と動物の関係の不思議さだけでなく，それを解き明かしていく研究者の姿も本書の大きな魅力である。

本書の出版までには多くの方々のご協力をいただきました。執筆者の方々にはお忙しい中，素晴らしい原稿をお寄せいただき，また，私の遅々とした編集作業のために何年も本が出版されない状況を辛抱強くご理解いただき，出版間際まで惜しみないご協力をいただきました。深く感謝申し上げます。また，文一総合出版の菊地千尋さんには，とかく研究者向けになってしまいがちな私たちの文章を，魔法のようなアドバイスで分かりやすくしていただきました。また，「今回の号は花の写真が多いからカラーページを多く使いたい」という私の無理なお願いを叶えるために奔走してくださり，ご覧の通り種生物学研究シリーズとしては画期的な，カラーページを豊富に組み込んだ構成を実現していただきました。本書が，研究者や大学の学生のみならず，より幅広い読者の方々に，花と動物の関係の面白さを伝える最良の本の1つになったと思います。

また，山形大学の富松裕さんには，お忙しい中，第7章，第8章から二次元バーコードでリンクした動画を公開するためのホームページをご作成いただきました。臨場感のある動画の視聴を可能にしていただき，本書がさらに魅力的なものになったと思います。ありがとうございました。

2021年8月

川北　篤

多様な花の姿，多様な送粉者
左上から右下へ，カタクリ，ガンピ，クワズイモ，
コオニユリ，ヤブツバキ，ツリフネソウ，ヤマザ
クラとその訪花者たち（撮影：コオニユリ／望月
昂，その他／川北篤）

花と動物の共進化をさぐる

身近な野生植物に隠された新しい花の姿

目　次

ん載っている。なぜ，花はたくさん来る盗蜜者・ガを排除するしくみを持っていないのだろう？　じっくり観察した結果，常識をくつがえす発見が。

花が花粉媒介を担う生物に対する目印なら，小さくて目立たない花がふつうにあるのはなぜだろう？　アオキやツリバナ，クロクモソウ，マルバノキなどなど，渋い色の小さい花に，花粉媒介昆虫は来るのだろうか？　来るなら，どんな昆虫が？　身近な植物を調べたら，いままで見過ごされ，送粉生態学の教科書にもまだ出ていない，新しい関係が見つかった！

甘く強い香りに衝き動かされ，梅雨入り直後の奄美の森へ。美しいサクラランの花房には，大きな蛾がとまって蜜を吸っていた。ところが，花粉がついていたのは，花に差し込まれる口吻ではなく脚の先。脚の先で送粉？新しい！　と思ったら，残念，すでに例がありました……。それでもめげずに調べてみたら，誰も気づいていなかった緻密なしくみが明らかに。

ホバリングして蜜を吸うスズメガのなかまに比べ，花にとまって蜜を吸う「着地訪花性ガ類」の送粉者としての重要性は，まだあまり調べられていない。アカネ科のつる植物，カギカズラで調べてみては？

ボディガードとしてアリを役立てる植物は多い。でも，こと送粉に限っては，アリは蜜だけを盗んでいく迷惑な訪問者。花が蜜を奥の方に隠すのは，アリに来てほしくないからだと考えられる。ところが，ツルニンジンは大量の蜜をむき出しの状態で分泌している。なのに，アリはほとんどやってこない。なぜだろう？　花に橋を架けて侵入ルートを作ったり，アリを糸でくくって花の中に居座らせたり，アイデアいっぱいの野外実験で解明する。

ウジルカンダは，沖縄では入学式の花。メロンや桃の果汁よりも甘い，たっぷりの蜜を抱えている。その蜜を求めてやってくるのは，オオコウモリ。鍵がかかったようにフックで閉じられた花をつめで押さえてこじ開けて，上手に蜜をなめ，花粉を媒介する。同じ哺乳類でも，リスは花をかじってしまい，花粉媒介はしてくれない。相手を選ぶ花なのだ。ところが，ウジルカンダはコウモリのいない地域にも分布し，繁殖している。そこでは，どうやって花粉の受け渡しを実現しているのだろう？

同じ種なのに，個体によって形の異なる花をつける植物群がある。他の個体の花粉を受け取ることに特化した性質で，「異型花柱性」とよばれる。その進化の謎を探る第9章の前に，いくつかの例を紹介しよう。

人知れず進化した固有植物を調べたい。そんな思いから始まった，海洋島・小笠原での調査で，異型花柱性と思われる植物がたくさん見つかった。一度も大陸とつながったことのない海洋島では，植物は雌雄異株に進化するという。小笠原はその予測に当てはまらないのだろうか？　同じ海洋島のハワイ諸島，海洋島ではない沖縄諸島の植物との比較から，異型花柱性の進化を考える。

いつか調べてみたいこと。鳥が冬以外にも送粉者の役割を果たすのかどうか。夏に咲くヤドリギのなかま，マツグミに目星をつけた。メジロがやってくるのも確認した。誰か実験してみない？

先輩たちの研究に憧れて，ボルネオへ。この島にはアリを「雇う」植物がくらしている。すみかとえさを提供して，植物を食べにやってくる昆虫を追い払うボディガードをしてもらうのだ。でも……その花粉はどうやって運ばれるのだろう？　アリが花粉を媒介する昆虫を見分けて，見逃してあげるのだろうか？　それとも，そもそも虫媒花ではないのだろうか？　ていねいな観察が実って得られた，驚きの答えとは？

細長い花の奥に蜜を隠すママコナ属の植物は，主な送粉者であるマルハナバチの体によく合う花をもつことで知られている。ところが，そうとばかりもいえないようで……。早く調べに行きたい！

第1章 　総論　送粉者を通して見る花の多様性

川北 篤 （東京大学大学院理学系研究科附属植物園）

はじめに

　葯で生産された花粉が雌しべに到達して受精に使われる確率は，多くの被子植物で数百から数万分の一である（Gong & Huang, 2014）。生産された花粉はそのほとんどが，花ではないところに降り立ったり，昆虫に餌として消費されたり，あるいは葯から持ち出されないままになったりして，その運命を終える。雌しべには到達したものの，それが違う種の植物だったということもあるだろう。したがって，少しでも効率よく自らの花粉を同種の他個体の雌しべに届けたり，同種の花粉を受け取ったりできる花をつける個体は，より多くの子孫を次世代に残し，その個体のもつ花の性質が集団中に広まっていくはずである。

　受粉効率を高める花の性質は，例えば花粉の運び手となる動物（送粉者 pollinator）により目立つ色や匂いであったり，送粉者に払い落とされにくい体の部位に花粉をつける花の構造であったり，あるいは効率よく花粉を運んでくれる動物以外を排除するしくみであったりする。どのような花をつけるのが最適かは，周囲にどのような植物が花を咲かせているかや，どのような動物がいるかにも左右されるため，長い時間スケールで見ると花の性質は絶えず変化し続けている。もっぱらマルハナバチに送粉されていた植物から，スズメガによる送粉に適応した花をもつ植物が進化するといった送粉者シフト pollinator shift は，こうした花の変化の最も劇的な例の1つである。

　以下で紹介するように，被子植物が受粉を成し遂げる方法は実に多様であり，とても自然に生じたとは思えないほど特殊なしくみをもつ植物も少なくない。しかし，送粉様式が多様であり，そのしくみが精巧であるという事実こそ，花の形や色，匂いといった性質のわずかな違いが送粉の結果を左右し，そこに自然選択が働いてきたことの何よりの証拠だろう。送粉生態学は，19世紀のダーウィンの時代から150年以上の長い歴史をもつが，近年においてもなお，これまで知られていなかった花と動物の関係や，見過ごされて

図1　イチョウ（a-c）とソテツ（d-g）の生殖器官
a: 雄の胞子嚢穂。**b**: 胚珠。**c**: 胚珠の先端から分泌される受粉滴。**d**: 雄の胞子嚢穂。**e**: 小胞子葉。粒のように見える胞子嚢から花粉が放出される。**f**: 胚珠をつけた大胞子葉。**g**: 大胞子葉をつけた雌株。

きた花の適応が次々と明らかになっている。本章では，特に最近の研究例を取り上げながら，主に日本の野生植物に焦点を当て，現在知られている送粉様式の多様性を概観したい。

1. 裸子植物の送粉様式

　動物による花粉媒介といえば，被子植物をまず思い浮かべる。しかし，裸子植物は，生殖器官のさまざまな点で被子植物と異なるものの，花粉を効率よく胚珠に届けなければならないという状況は被子植物と同じであり，その送粉様式もさまざまである。現生の裸子植物は，ソテツ綱，イチョウ綱，球果綱，グネツム綱の４つの分類群に分けられ，このうち種数が最も多いのは球果綱（針葉樹）である。スギ，ヒノキ，アカマツ，モミなどのように，現生の針葉樹はすべて風に花粉が運ばれるため，裸子植物は風媒 wind pollination, anemophily であるというイメージが強い。イチョウ綱にはイチョ

ウ1種のみが現存し，これも風媒である（図1-a〜c）。しかし，ソテツ綱とグネツム綱では，調べられているほとんどの種で昆虫が受粉にかかわっており，裸子植物全体で見ると虫媒 insect pollination, entomophily は珍しくない。

　ソテツ綱は世界の熱帯〜亜熱帯域に約300種が知られ，日本には九州南端から南西諸島にかけてソテツ *Cycas revoluta* 1種のみがある。雌雄異株で，雄の生殖器官は花粉をつける小胞子葉が松笠状に連なった構造をしており，一方の雌の生殖器官は羽状の大胞子葉がゆるく集合したもので，1枚の大胞子葉に4〜6個の胚珠（図1-f）がつく。雄の生殖器官は成熟時期に発熱することが知られており（Ito-Inaba *et al.*, 2019），果物が発酵したような強い匂いを放つ（匂いは雌にもある）。日本のソテツではケシキスイ類が主要な送粉者と考えられており，大胞子葉に袋がけをして昆虫の訪花を妨げると種子がほとんどできない（Konno & Tobe, 2007）。

　中南米の *Zamia* 属や，南アフリカの *Encephalartos* 属のソテツは，ゾウムシ類やオオキノコムシ科の甲虫に送粉されており，これらの幼虫はソテツの雄の生殖器官を食べて育つ（Norstog & Fawcett, 1989; Suinyuy *et al.*, 2015）。オーストラリアの *Macrozamia* 属の一部の種は，ソテツの花粉を食べる *Cycadothrips* 属のアザミウマにもっぱら送粉されている。*Macrozamia lucida* の雄の胞子葉もやはり発熱するが，朝晩は適温でアザミウマが集まるのに対し，日中は40度近くまで発熱し，これによってアザミウマが一斉に飛び立つ。温度を調節することで，花粉を身にまとった送粉者が雌株に移動することを促す適応だと考えられている（Terry *et al.*, 2007）。

　裸子植物には被子植物のような雌しべがないため，花粉は胚珠に直接捕捉されるが，この時，胚珠の先端からは受粉滴 pollination drop（図1-c）が分泌され，これにとらえられた花粉が受粉滴とともに珠心に取り込まれる。グネツム綱は，グネツム科，マオウ科，ウェルウィッチア科という，それぞれに独特の姿をした熱帯性の3つの科からなるが，このうちグネツム属の一部では，雄の生殖器官に不稔の胚珠があり，それが甘い受粉滴を分泌し，夜間に受粉滴を舐めに訪れるメイガやシャクガが送粉を担っている（Kato & Inoue, 1994; Kato *et al.*, 1995）。マオウ科，ウェルウィッチア科も，やはり受粉滴が報酬となってハエ類などに送粉されており（Rydin & Bolinder, 2015; Wetschnig & Depisch, 1999），ソテツ綱と並び，グネツム綱でも虫媒は一般的である。中生代に繁栄し，その後絶滅した一部の裸子植物（ベネチテス綱，

カイトニア綱など）でも，甲虫類，ハエ類，シリアゲムシ類，絶滅したアミメカゲロウ類の一群などが受粉にかかわっていたことが化石証拠から強く示唆されており（Ren *et al.*, 2009; Labandeira, 2010; Labandeira *et al.*, 2016），花粉の運搬を昆虫に託すという進化は，被子植物で花が起源する以前から，裸子植物で何度も繰り返されてきたようだ。

2. ハナバチ類と被子植物の共進化

2.1. ハナバチ類の進化

　裸子植物のなかで，花を進化させた一群が被子植物である。花粉を運ぶ昆虫との共生関係は裸子植物で何度も成立していたにもかかわらず，被子植物だけがその後に急速に多様化を遂げたことは，花の進化が多様性を生み出す大きな原動力になったことを意味するのだろう。白亜紀に始まる被子植物の急速な多様化は，被子植物利用に特化したさまざまな昆虫の多様化と歩みを共にしている。その代表的なものがハナバチ類であり，ハナバチ類は現在最も多くの被子植物の送粉者である。

　ハナバチ類（以降，ハナバチ）は膜翅目のミツバチ上科に含まれる昆虫の総称で，すべての種が幼虫期に花粉を食べて成長する。膜翅目は，幼虫が植物食のハバチ類 sawfly が祖先的で，その後，幼虫が生きた昆虫や植物に寄生する寄生バチ類 parasitic wasp，スズメバチやアリのように，狩りによって幼虫の餌を得る狩りバチ類 hunting wasp が順に出現した。この狩りバチ類のなかで，幼虫の食性を肉食から花粉食に変えたのがハナバチ bee である。ハナバチの雌は，花で花粉と蜜を集め，それらを混ぜ合わせて作った花粉団子で幼虫を育てる（図2）。したがって，ハナバチは子孫を残すために頻繁に花を訪れなければならず，この「花によく訪れる」という習性が，多くの被子植物がハナバチに送粉を託すようになった最大の理由であろう。ハナバチは，単位時間あたりにどれだけ多くの花粉と蜜を集めるかが次世代の子の数を決めるため，花を訪れる他の昆虫に比べるとその採餌は実にせわしない。

2.2. マルハナバチに送粉される植物

　ハナバチは種レベルでは9割以上が単独性（雌が単独で子を育てる）であるが，ミツバチやマルハナバチなどでは社会性（女王の子を働きバチが育て

る）が発達している。ハナバチは単独性か社会性かにかかわらずほとんどの種が植物の送粉に役立っているが，なかでもマルハナバチは，日本の野生植物のとりわけ重要な送粉者である（図2-d～i）。マルハナバチの働きバチは，個体ごとに決まった種の植物の花を続けて訪れるという定花性 floral constancy が強い。これは，同じ巣の働きバチであっても，幼虫期に食べた花粉の量によって体の大きさが違うため，その時期に咲いている花から自分の体に合った花を見定め，その花の扱いに特化して採餌した方が，個体ごとの採餌効率が高いためだと考えられる（ハインリッチ, 1991）。植物の側から見ると，花に訪れる動物が「同じ種の花を連続して訪れる」ことこそが送粉者として理想的な性質であり，マルハナバチによる送粉に特化した植物が多いのはそのためだろう。日本には15種のマルハナバチがおり，種ごとに生息域や舌の長さなどに違いがある（鷲谷ら, 1991）。トラマルハナバチやナガマルハナバチはとりわけ長い舌をもち，これらに送粉される花では，花弁が筒状に変形した距 nectar spur の奥に蜜があり，送粉にあまり寄与しない訪花者を排除するような構造がみられる（図2）。

　一方，マルハナバチの強い訪花性を利用して，マルハナバチをして花粉を運ばせる花がある。ハクサンチドリは本州の高山から北海道の低地にかけて生育する，濃いピンク色の花をつけるラン科植物で，花には距があるが，蜜は分泌しない。ラン科の植物は，花粉が粉状ではなく，互いに凝集して花粉塊 pollinium（複数形 pollinia）と呼ばれる塊をつくり，さらにその柄の先端の粘着体 viscidium で送粉者の体にしっかりと付着するため，ハナバチはこれを利用できない。北海道では，春に越冬から覚めたエゾトラマルハナバチやエゾオオマルハナバチの女王が，蜜や花粉を求めてこの花に訪れるが，蜜を得ることなく，頭部に花粉塊をつけられてしまう（図2-k）。ハクサンチドリの花は，同じ時期に咲くサクラソウ属やシオガマギク属の花と色がよく似ているため（ヨツバシオガマなどは花序の形もそっくりである），これらの花で蜜や花粉を得たマルハナバチの定花性も利用しているのかもしれない。

2.3. ハナバチと植物の関係の特殊化

　ハナバチは，花によく訪れるという，送粉者として優れた面がある一方，花粉を幼虫の餌として消費するという，送粉にとって負の側面も持ち合わせている。ハナバチの大きさや習性は種ごとにさまざまであるから，どのよう

なハナバチでも利用できる花だと，花粉を消費するだけであまり送粉に寄与しないものまで受け入れてしまうことになる。ハナバチがいろいろな植物に訪花してしまうと，持ち出された花粉が別の植物の雌しべに届けられたり，逆に雌しべが他の植物の花粉で覆われて受粉が阻害されたりすること（pollen clogging）もあるだろう。そのため，一部のハナバチ媒の植物では，特定のハナバチのみが利用できる報酬 reward を提供し，それらのみに送粉を託すことで，同種内での花粉の授受を効率よく行っていると考えられるものがある。

　例えば，世界中の少なくとも 10 科の被子植物で，花から蜜ではなく油（花油 floral oil）を分泌する性質が知られており，花で油を集める習性をもつ一部のハナバチとの間に特異的な共生関係が成立している（Schäffler *et al.*, 2015）。花油を集めるハナバチはケアシハナバチ科とミツバチ科で独立に 7 回進化しており（Renner & Schaefer, 2010），花油は花粉団子に混ぜる蜜の代わりとして，あるいは幼虫の育房を裏打ちする材料として利用される。花油を分泌する植物は，アジアではサクラソウ科のオカトラノオ属 *Lysimachia* やウリ科の一部の属で知られ，他には南アフリカに分布するラン科，ゴマノ

図2　ハナバチによる送粉

a: クマバチ属 *Xylocopa* の 1 種の巣。黄色く見えるのは花粉と蜜を混ぜ合わせてつくられた花粉団子。表面に卵が産みつけられ，幼虫はこれを 1 つ食べて巣内で蛹化する。**b**: ウグイスカグラの花を訪れたウツギヒメハナバチ。後脚の腿節と脛節に花粉を貯めるための刷毛 scopa が生えており，体についた花粉をそこにつけ直して巣まで運ぶ（◁）。**c**: ヒメハナバチ属 *Andrena* の 1 種の巣。多くの単独性のハナバチの巣は地表につくられる。**d–i**: 日本の代表的なマルハナバチ媒植物とその送粉者。**d**: ツリフネソウの花に潜り込むトラマルハナバチの働きバチ。3 枚の萼のうちの 1 枚が発達して筒状になり，最奥部の鉤爪状になった部分で蜜が分泌される。トラマルハナバチは長い口吻で蜜を吸うことができる。**e**: ツリフネソウの花は上部に雄しべと雌しべがあり（◁），トラマルハナバチが花に潜り込むと背面に花粉がつく。写真の個体は何度もツリフネソウを訪花したために，背面の毛が擦り減っている（◀）。**f**: キバナノヤマオダマキの花に潜り込んだトラマルハナバチ。花には 5 本の距があり，そのうちの 1 本に長い口吻が差し込まれているのがわかる。雄しべと雌しべは花の中心にあり，花粉はマルハナバチの体の腹面につく。**g**: アキチョウジの花を訪れるトラマルハナバチ。体についた花粉を蜜と混ぜ合わせて，後脚脛節の花粉籠に団子状につけて運ぶ（◁）。**h**: アヤメ。矢印は弁化した雌しべで，その下に 1 本の雄しべがある。マルハナバチはこの下に潜り込み，花の中心部から蜜を吸う。**i**: キバナノジョウロウホトトギス。ホトトギス属の植物ももっぱらマルハナバチ媒である。**j**: ハクサンチドリの花序を訪れたエゾオオマルハナバチの女王。**k**: ハクサンチドリの花粉塊が頭部についている（◀）。**l**: ハクサンチドリの花には距があるが（◁），蜜は分泌されない。**m**: 距の入り口上部に花粉塊（◁）と柱頭面（◀）がある。

ハグサ科，新大陸に分布するキントラノオ科，カルセオラリア科，ラン科の
さまざまな属で見つかっている（Renner & Schaefer, 2010。図 3-a〜f）。花に
は花油を集めるハナバチ以外も訪れることがあるが，ほとんどの場合で花油
を集めるハナバチが主要な送粉者である。花油を出す性質と，花油を集める

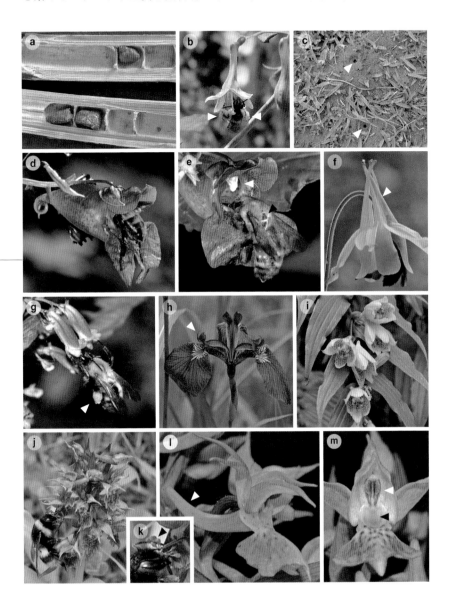

性質のどちらが先に進化したのかは興味深い謎だが，両者の関係は，ハナバチ類と植物の間で特殊化が進むことを示す見事な収斂進化の一例だろう。

　この他にも，アオイ科フヨウ属 *Hibiscus* のいくつかの種では，ハキリバチ科のキホリハナバチ属 *Lithurgus* が訪花昆虫のほとんどを占め，両者の間に同じような特異的な関係がある。例えば，西日本から南西諸島の海岸に生育するハマボウは，花蜜や花粉が豊富なため，いろいろなハナバチが利用してもよさそうに思えるが，なぜかこの花を訪れるのはシロオビキホリハナバチばかりだ（図3-g）。なぜこのような特異性な関係が成立するかはよくわかっていないが，フヨウ属を含むアオイ科アオイ亜科の多くでは，花粉の粒が肉眼で数えられるほど大きく，さらにその表面が長い棘と粘着性の物質（花粉粘液 pollenkitt）で覆われていて（図3-h），ミツバチに利用されない。しかし実験的に棘や花粉粘液を取り除くとミツバチが花粉を集めるようになることから，棘や粘液が多くのハナバチに対する防衛として働いているという指摘がある（Lunau *et al*., 2015）。キホリハナバチ属は，この防衛を乗り越えたことで，他のハナバチとの競争にさらされることなく，花資源を独占できるようになったのだろう。キホリハナバチ属に見られるような狭訪花性 oligolecty（特定の分類群の植物の花資源のみを利用する性質）は他の単独性のハナバチでも広く見られることから，花資源を利用しにくくする植物の進化と，それを乗り越えるハナバチ類の進化の結果として特殊化が進む例は，さまざまな被子植物で一般的なのかもしれない。

　ハナバチがかかわる受粉の最も風変わりな例の1つは，中南米に生息するシタバチ類と花の関係だろう。シタバチはマルハナバチやミツバチに近縁な単独性のハナバチで，雄が花で匂いを集め，それを後脚脛節が肥大した特殊な器官（図3-j）に溜め，雌への求愛シグナルとして利用するという興味深い生態をもつ。中南米には200種を超えるシタバチがおり，実に600種を超えるラン科植物のほか，サトイモ科，イワタバコ科，ナス科，トウダイグサ科などにシタバチの雄に送粉されるものがある（Dressler, 1982; Roubik & Hanson, 2004。図3-k, l）。これらの花には蜜がなく，花の匂いのみが報酬である。シタバチの雄は花だけでなく人工物からも匂いを集めることがあり，とりわけシネオール，サリチル酸メチル，オイゲノールなどには強い誘引性があり，これらをしみ込ませたろ紙に群がるシタバチの雄の姿は，どれだけ見ていても飽きることがない（図3-i）。

3. スズメバチによる送粉

　ハナバチは膜翅目のなかで花粉食となった一群だが，肉食の狩りバチのなかにも花を訪れるものが少なくない。ハナバチと違って狩りバチは花粉を集めないため，これらの昆虫が花を訪れるのは花蜜から自らのエネルギーを得るためだと考えられる。また，狩りバチにはハナバチのような長い口吻がないため，訪れる花はブドウ科，ウコギ科，セリ科，キク科などの，露出した蜜腺をもつ植物であることが多い。これらの花には一般にハナバチやハナアブ，チョウなども訪れるため，狩りバチだけが送粉を担うわけではない。しかし，特に秋，社会性であるスズメバチやアシナガバチの巣が大きくなり，働きバチの個体数が増える時期には，植物によってはこれらの昆虫が送粉に果たす役割も小さくないはずである。

　驚くべき方法でスズメバチだけを花に呼び寄せ，もっぱらスズメバチのみに送粉される植物がある。例えば中国海南島に固有のセッコク属（ラン科）の一種 *Dendrobium sinense* は，アジアミツバチの働きバチが巣内で危険を伝える際に発する警告フェロモンとよく似た匂いを，何と花から出している（Brodman *et al.*, 2009）。スズメバチは，ミツバチの巣内の幼虫や蛹を肉団子にして幼虫の餌にするため，ミツバチの巣場所の手がかりとなる物質に敏感なのであろう。大型で白く美しいその花からはとても想像がつかないが，花には蜜がなく，匂いに騙されたスズメバチが花粉塊の運び手になっている。同じランの仲間だが系統的に離れたエゾスズラン *Epipactis helleborine* や，ヨーロッパに生育するゴマノハグサ科の一種 *Scrophularia umbrosa* の花は，植物の葉をちぎった時に出る青臭い匂いを，驚くことに花から出しており，やはりスズメバチに特異的に送粉されている（Brodman *et al.*, 2008; 2012）。ハバチやガの幼虫のなどのスズメバチの獲物となる植食性昆虫が葉を摂食する時，葉の傷口からまさにこの匂いが出るため，これもスズメバチを強く誘引する物質なのだと考えられる。

　第 7 章で武田和也さんが紹介されているように，日本ではツルニンジン *Codonopsis lanceolata* がスズメバチ媒である。ツルニンジンがどのように特異的にスズメバチを花に誘引しているのかはまだわかっていないが，今後研究が進めば，思いがけない花の匂いの役割が明らかになったり，さらには別の分類群の植物で新たに狩りバチ媒が見つかったりする可能性は高い。

図3　花とハナバチの特殊化した関係

a–fは花油を送粉者への報酬とする花。**a**: クサレダマ。**b**: キントラノオ属の1種（ベリーズ）。**c–d**: *Paratetrapedia* 属のハナバチに訪花されたカルセオラリア属の花（ペルー）。袋状に膨らんだ花弁の中から花油がでており，それを採餌しようと花に潜り込む際に雌しべや雄しべに触れる（**c**の◁）。体についた花粉は花油と混ぜ合わせて後脚につけて運ぶ。**e**: ケアシハナバチ科 *Redidiva* 属のハナバチに送粉される *Disperis renibractea*（ラン科，南アフリカ）。2枚の側萼片には送粉者が後脚をひっかける足場となるくぼみがある（◁）。花には2本の距があり，*Redidiva* 属のハナバチは伸長した前脚で距の中の花油を集める。**f**: ゴマノハグサ科の *Diascia vigilis* も花に2本の距があり，*Redidiva* 属に送粉される（南アフリカ）。この属の植物は園芸用に日本でもよく栽培される。**g**: サキシマハマボウに訪花するシロオビキホリハナバチ。**h**: ムクゲの花粉。アオイ科アオイ亜科の多くの種の花粉はとげと花粉粘液があり，互いによくくっつく。**i**: シネオールを染み込ませたろ紙に群がるシタバチ属 *Euglossa* の雄（ベリーズ）。**j**: シタバチの口吻は体長よりも長く（◁），さらに雄の後脚脛節は肥大して匂いを貯める器官に変形している（◀）。**k**: シタバチの雄に受粉されるバケツラン（ラン科）。花の右半分は1枚の唇弁からなり，上半分で匂いを出し，下半分はシタバチを落とし込むバケツになっている。**l**: バケツ部分には水がたまっており，匂いを集める際に滑ってバケツに落ちたシタバチが出口となる穴（◁）を通る際に体に花粉塊がつけられる。

図4　チョウ媒花
a: オニユリ（ユリ科）に訪花するモンキアゲハ。花粉は翅の裏側について運ばれる（◁）。
b: ハマナデシコ（ナデシコ科）に訪花するアゲハ。**c**: チョウ媒花のサツキ。

4. チョウによる送粉

　ハナバチと並び，白亜紀以降の被子植物の多様化と歩みと共にするように多様化した一群が，ガとチョウからなる鱗翅目である。鱗翅目で最も基部に位置するコバネガ科は，幼虫がコケ食であるが，現生の鱗翅目のほとんどは被子植物食であり，被子植物の多様化なくしてガやチョウの多様化はなかった。特にチョウ類は，活動の場を夜から昼に移し，鳥による捕食を逃れるために高い飛翔能力を発達させ，その飛翔能力を維持するためのエネルギー源を花蜜に依存している。チョウ類が花から花へと飛び回る習性をもつのは，飛翔を維持するためのエネルギーを常に補給し続けなければならないことと関係しているのだろう。このようなチョウの習性を利用し，チョウに受粉を託す植物は多い。

　日本では，ユリ属，ナデシコ属，センノウ属，サツキ，ヒオウギ，コンロンカ，クサギ，ネムノキ，ギョボク，クサミズキ属などで，チョウ類が主要な送粉者だと考えられる（Naiki & Kato, 1999; Nagamasu & Kato, 2004; Sakamoto *et al*., 2012; 一部の種ではスズメガも受粉に貢献する。図4）。一般に，チョウ媒花には，他の分類群の昆虫に送粉される花にはまれな，オレンジ色〜赤色の花をつけるものが多い。これは，ミツバチが紫外・青・緑を受容する3種類の視細胞しかもたないのに対し，多くのチョウが赤を含む6種類，あるいはそれ以上の受容細胞をもつ（Arikawa, 2017）ことと関係していると考えられる。チョウには鮮やかに見えるが，花粉や蜜を消費してしまうハナ

バチ類には目立たない色としてこれらの花色が選択されたのだろう。チョウの視覚や，チョウの送粉者としての役割については，種生物学シリーズ『視覚の認知生態学』（種生物学会編, 2014）や，電子版和文誌「送粉者としてのチョウを考える」（坂本・川窪, 2016）もぜひご参照いただきたい。

5. スズメガによる送粉

　昼に活動するチョウは鳥の捕食にさらされているが，夜のガにはコウモリが襲いかかる。コウモリの捕食を逃れるため，さまざまなガの分類群で，コウモリが獲物を探索する際に発する超音波をとらえるための「耳」が発達していたり，ガ自身が超音波を発してコウモリの探索を阻害していると考えられる能力が獲得されていたりする（Conner & Corcoran, 2012）。ガのなかでもスズメガはとりわけ高い飛翔能力をもつが，その進化もコウモリとの攻防の結果と考えられる。そして，その高い飛翔性を実現するために花蜜を多く消費する習性が，花から花へと頻繁に移動する，送粉者としての優れた特性と結びついている。

　スズメガに送粉される花は多い。日本では，クチナシ，ハマユウ，カラスウリ，ササユリ，ユウスゲ，ミフクラギ，フウランなどがスズメガによって受粉されている（図5）。これらの植物のほとんどは，夜に開花し，月明かりの下でもよく目立つ白色または淡い色の花をつけ，かぐわしい匂いをもつという特徴がある。また，細長い花冠や距をもち，その奥から分泌される蜜をスズメガが長い口吻を差し込んで吸う点でも共通している。このように，特定の送粉者に適応することで，異なる系統の植物の間で収斂した一連の花形質を送粉シンドローム pollination syndrome と呼ぶ。スズメガ媒花の送粉シンドロームは，後述する鳥媒花のシンドロームと並び，花形質の収斂の最も顕著な例だろう。

　スズメガの口吻の長さは種によってさまざまだが，日本ではエビガラスズメの口吻が約 10 cm と最も長い。スズメガに受粉される花の多くは，蜜を吸いに訪れたスズメガの体や翅が葯や柱頭と触れることで花粉が運ばれるため，スズメガが葯や柱頭に触れずに蜜を消費してしまわないよう，十分な長さの花冠や距をもつ必要がある。一方のスズメガも，より効率よく花蜜を得るためには長い口吻をもつことが有利である。このように，植物はより長い花冠や距を，スズメガはより長い口吻をもつことが有利になる条件が整うと，

両者の形質が軍拡競争の様相を呈し，著しく長い花と口吻が進化することがある。こうした共進化のレース coevolutionary race は，世界中のスズメガ媒花とスズメガの間で何度も独立に起きており（図5-f），後述のように他の花と動物の関係でも見られることがある。

6. その他のガによる送粉

　スズメガ以外のガに送粉を託すようになった植物もある。例えばジンチョウゲ科のガンピは，5〜6月頃，淡い黄色をした長さ1 cmほどの筒状の花を枝先にまとめて咲かせる。花は夕暮れとともに開花し，春先に咲くジンチョウゲと似たかぐわしい匂いを夜の間だけ放ち，花に吸蜜に訪れるメイガ科，シャクガ科，ヤガ科などのガによって花粉が運ばれている（Okamoto *et al.*, 2008）。135ページの船本大智さんによる**コラム**では，アカネ科のカギカズラにおいて近年見つかったガ媒の興味深い例が紹介されている。ガンピとカギカズラは，いずれも長さ1 cm内外の筒状の花をもつことから，似たような花をもつ植物で今後さらにガ媒が見つかる可能性が高い。また，花の形からはおよそガ媒とは想像がつかないような植物でもガによる送粉が見つかっており，**第4章**では船本大智さんがツリガネニンジンにおけるガ媒を，**第6章**では望月昂さんがサクラランにおけるオオトモエによる受粉を紹介されている。

　ガに受粉される花は，ラン科にも多い。例えばトンボソウが含まれるツレサギソウ属は，日本産のラン科の属では最も多い22種が含まれ，送粉者が知られている種全てがガ媒である（Inoue, 1983; Suetsugu & Hayamizu, 2014）。花は淡い緑色のものが多く，目立たないが，夜になると良い香りを放ち，発達した距の奥にある蜜を求めてメイガ科，シャクガ科，ヤガ科などのガが訪れる。花粉塊がガの頭部のどの位置につくかがツレサギソウ属の種によって異なり，例えば八丈島に生育するハチジョウチドリとハチジョウツレサギは，前者では花粉塊がガの複眼に，後者では口吻につく（Inoue, 1985）。種ごとに花粉塊をつける位置をずらすことで，共存する種間で交雑が防がれていると考えられている。

7. 双翅目による送粉

　双翅目は，ハエ，アブ，カ，ガガンボ，ユスリカなどを含む昆虫の一群で，

図5　スズメガによる送粉
a: 代表的なスズメガ媒花であるクチナシ（アカネ科）。**b–c**: ハマユウ（ヒガンバナ科）の
花を訪れたコスズメ。**b** の矢印の長い口吻を **c** のように花の奥まで差し込んで蜜を吸う。
花に潜り込む際，翅や胴体が葯や柱頭に触れて受粉が果たされる。**d–e**: スズメガ媒花のカ
ラスウリ（ウリ科，**d**）とミフクラギ（キョウチクトウ科，**e**）。**f**: スズメガとの共進化の
結果，長い距を発達させた *Angraecum* 属のラン（マダガスカル）。**g**: *Angraecum* 属のラン
の送粉を担うキサントパンスズメガ。

幼虫，成虫ともにその生態は多様である。双翅目ではハナアブ科，ツリアブ
科，クロバエ科，ヤドリバエ科などに訪花性が強い種が多く，多くの植物の
送粉を担っている。例えばセリ科の多くの植物は，多数の小さい花を傘形に
配置した花序をつけ，その上を歩き回って花蜜や花粉を採餌する双翅目昆虫
が多く訪れる（図6）。双翅目に受粉される植物には，ハナバチが越冬から
覚める前の早春や，越冬に入った後の晩秋に花をつけ，そのような寒い時期
にも活動する種に送粉されるものも多い。例えばフクジュソウ（図6-c）は
雪解け直後の寒い時期に花をつけるが，花に蜜はない。その代わり，光沢の

図6　双翅目に送粉される花

a: ミヤマトウキ（セリ科）。セリ科の多くの植物は蜜源の浅い小さな花が集まった花序をつけ，多くの双翅目昆虫が訪れる。**b**: キイシオギク（キク科）。ハナバチがほとんど見られなくなった11月下旬に咲き，ハナアブをはじめ多くの双翅目が集まる。**c**: 雪解けとともに咲くフクジュソウ。光沢のある花被が皿状に配列して花の中心に太陽の熱を集め，そこに集まる双翅目昆虫に送粉される。右下は花で交尾中の花粉まみれになったハエ。**d–f**, 双翅目昆虫を匂いでだまして花に呼び寄せていると考えられる植物。**d**: リュウキュウウマノスズクサ（ウマノスズクサ科）。**e**: アシウテンナンショウ（サトイモ科）。**f**: オオバカンアオイ（ウマノスズクサ科）。**g**: カキラン（ラン科）に訪花するヒラタアブ。右下は花粉塊をつけた個体。**h**: タロイモショウジョウバエ属のハエに受粉されるクワズイモ。送粉者の幼虫が花が終わったあとの花序で成育する。**i**: コバンノキの花。**j**: 雄花に吸蜜に訪れ，花粉まみれになった送粉者のタマバエ。双翅目に送粉される花には，この花のような赤紫色の色合いをもつものが多い（**第5章**を参照）。

　ある花被をパラボラアンテナのような形に広げて太陽光の熱を花の中心に集め，花を休憩や交尾，採餌のための場所とするハエ類によって送粉されている（工藤，1999）。ツリアブ科のビロードツリアブは，花で吸蜜するのに特化

した1cmほどの細長い口器をもち，早春のさまざまな花に吸蜜に訪れる。蜜だけを吸って送粉に貢献しないことも多いが，スミレ属などの蜜源の深い花ではハナバチとともに受粉に貢献していると考えられる。

　双翅目媒の花として古くから知られている植物に，ウマノスズクサとテンナンショウの仲間がある（図6-d〜f）。ウマノスズクサ属の花は，花被が癒合して基部が球状にふくらみ，先端側は筒状に伸びて，入り口部分がラッパ状に広がっている。日本産の種では，クロコバエ科やキモグリバエ科の小型のハエに送粉されるものが知られている（Sugawara *et al.*, 2016）。一方のテンナンショウ属は，雄花と雌花が軸上に配列した肉穂花序 spadix を仏炎苞 spathe と呼ばれる葉が変形したものが包み込んだ構造をもち，これによってキノコバエ科などの双翅目昆虫を閉じ込めて受粉に使役する。このように送粉昆虫を閉じ込める構造をもつ植物は，花から報酬を出さず，産卵場所等に匂いを似せて送粉者をだまして受粉を果たしていると考えられるが，日本産のウマノスズクサ属やテンナンショウ属がどのようなメカニズムで双翅目昆虫をだまし花にトラップしているかはほとんどわかっていない。奥山雄大さんによって第3章で紹介されているテンナンショウ属のユキモチソウの例は，近年発見されたとりわけ興味深い例である。ヨーロッパ産のウマノスズクサの一種は，捕食者の餌食になったカメムシの体から出る匂いを，なんと花から出し，息絶えたカメムシに真っ先に産卵する習性をもつキモグリバエ科のハエをだまして送粉させていることが知られている（Oelschlägel *et al.*, 2015）。

　双翅目昆虫をだまして送粉させる植物には，地表面に咲く花をつけるもの（geoflory）が少なくない。カンアオイ属は，ウマノスズクサ属に近縁だが，花は地際に咲き（図6-f），やはり送粉者をだまして受粉を果たしていると考えられている。関東地方に生育するタマノカンアオイにはキノコバエのメスが訪れ，花に産卵するが，幼虫が花で成長することはなく，花はキノコバエの産卵場所のキノコに擬態しているらしい（菅原, 1999）。同じように花がキノコに擬態していると考えられる興味深い例を，近年神戸大学の末次健司さんがヤツシロラン属で発見された。クロヤツシロンは落ち葉のような目立たない色をした花を地際につけ，悪臭を放ち，キノコや腐った果実に産卵するショウジョウバエに送粉されている（Suetsugu, 2018）。

　ラン科には他にも驚くような方法で双翅目昆虫を利用するものがある。全

国の湿地に多く生えるカキラン（図6-g）は，ヒラタアブが多く訪れ送粉を担っているが（Sugiura, 1996），ヨーロッパ産の近縁種は，アブラムシの警告フェロモンと同じ物質を花から出していることが知られている（Stökl *et al.*, 2011）。ヒラタアブの多くは幼虫がアブラムシを食べるため，アブラムシのフェロモンは産卵場所を探す手掛かりになると考えられる。ヒラタアブは花に引き寄せられ，卵まで産み落とすが，幼虫が花で成長することはないという。「パフィオ」の名で親しまれ，多くの園芸品種が作出されているパフィオペディラム属 *Paphiopedilum* のランも，野生種はハナアブ科の昆虫をだましており，アブラムシの匂いを出すものから，キノコの匂いを出して菌食性のハナアブをだましていると考えられている種までがある（Ren *et al.*, 2011; Jiang *et al.*, 2020）。

　花の匂いそのものが報酬となる例もある。*Bactrocera* 属のミバエは，果物に深刻な被害をもたらす農業害虫を含むが，その雄はシタバチと同じように匂い物質を集める習性がある。ラン科のマメヅタラン属（バルボフィラム）はアジアの熱帯を中心に2000種以上が知られるラン科最大の属だが，東南アジア産の一部の種群は，メチルオイゲノールなどの匂いを花から分泌し，これを集める *Bactrocera* 属のミバエの雄に送粉されていることが，京都大学の西田律夫先生らの研究グループによって明らかにされている（Tan & Nishida, 2000; 2005; Tan *et al.*, 2002）。琉球列島ではミカンコミバエ防除のため，メチルオイゲノールに殺虫剤を混ぜたトラップで雄を駆除する方法が用いられてきたが，同じ物質を花から出して *Bactrocera* 属のミバエを誘引する植物が存在するのである。

　双翅目昆虫を匂いで巧みに操る植物がこれほど多様であるのは，双翅目昆虫の生態の多様性を映し出しているようで興味深い。一方，花蜜を報酬として提供しながら，特定の分類群の双翅目昆虫を花に呼び込み，特殊な共生関係を発達させた植物もある。ユキノシタ科のチャルメルソウ属は，湿った沢沿いに多く生える植物で，春先に細く枝分かれした風変わりな花弁をもつ花をつけ，キノコバエに受粉される（Okuyama *et al.*, 2004; 2008）。キノコバエは夕方の限られた時間帯にのみ訪花し，花盤から出る蜜を報酬として得ている。キノコバエは湿った林床にたくさん生息していて，このようなハビタットに生育する植物には有効な花粉媒介者になりうる昆虫だが，最近まで送粉者としての重要性はほとんど認識されていなかった。**第5章**では望月昂さ

んが，チャルメルソウ属以外の日本の5属の植物で，キノコバエが主要な送粉者であり，これらの植物の間で似通った花形質が進化していることを発見した研究を紹介されている。

　サトイモ科のクワズイモ（図6-h）は，テンナンショウと同じように仏炎苞に覆われた肉穂花序をつけるが，これを訪れるのはタロイモショウジョウバエ属のショウジョウバエである。このハエは，メスが花序に産卵し，幼虫は受粉後の花序の中で特殊な浸出液を食べて育つ（髙野（竹中），2012）。このように，花や花序の組織を双翅目昆虫の成育場所として提供することで送粉される植物も多い。マツブサ科のマツブサ，サネカズラ，チョウセンゴミシの3種の花には，それぞれの種に特異的なタマバエ科の昆虫のメスが訪れて卵を産み付け，幼虫が花組織で成育する（髙橋ら，2006）。マツブサ科は被子植物の進化の最初期に分化した植物の1つであり，花組織を報酬とするこのような送粉様式は，初期の被子植物にもあったかもしれない。花で成育するタマバエによる送粉は，コミカンソウ科のコバンノキでも見つかっている（図6）。キノコバエと同様にタマバエも，送粉者として重要だとはあまり考えられてこなかったが，今後も多くの植物でタマバエ媒が見つかる可能性がある。

　双翅目による送粉については現在世界的にも非常に興味深い発見が相次いでおり，今後も続々と驚くような発見がなされるだろう。

8. 甲虫による送粉

　甲虫目は昆虫の種の約40％を占める最も大きな目だが，意外にも甲虫を主な送粉者とする植物はあまり多くない。ここまでに紹介した昆虫に比べると飛翔性が高くないことや，体表に毛が少なく花粉がつきにくいことなどが理由として考えられる。しかし，甲虫にもっぱら送粉される植物には興味深い生態をもつものも多い。例えば，新垣則雄さんが**第2章**で紹介されている，擬交尾を誘ってリュウキュウツヤハナムグリに花粉塊を運ばせるボウランはその最たる例であろう。ボルネオ島のランモドキ科の *Orchidantha* は，花から糞のような匂いを出し，これにだまされたフンコロガシによって受粉される（Sakai & Inoue, 1999）。この関係は1999年に京都大学の酒井章子さんによって発見されたもので，これも甲虫媒の最も素晴らしい例の1つである。

　よく知られる甲虫媒の花にモクレンの仲間がある。コブシ，タムシバ，ホウノキなど多くのモクレン科植物は，白く良い香りがする花をつけ，花粉を

図7　アザミウマ媒花（a, b）とカメムシ媒のオオバギ（c, d）
a: フタリシズカ（センリョウ科）の花序。**b**: ノグルミ（クルミ科）の花序。◁で示したものが雌花序で，他はすべて雄花序。**c**: オオバギの雄株の花序。**d**: 雄花序では複数の小さい雄花がまとまって苞でおおわれており，カメムシ（◁）はその苞の中で採餌，成育する。

食べるケシキスイ，ハネカクシ，ハナムグリなどによって受粉されている（Yasukawa *et al.*, 1992; Ishida, 1996）。モクレン科は被子植物の中で初期に分化した基部被子植物 basal angiosperm の1つであるが，基部被子植物には甲虫媒のものが少なくない。例えばスイレン科のオオオニバスは花が発熱しており，原産地の南米では花組織を食べるコガネカブト類に送粉されている（Seymour & Matthews, 2006）。花の奥には数匹のコガネカブトが収まる空間があり，ここで花が雌期から雄期に変わるまでの約1日間，交尾や採餌をして過ごす。熱帯を中心に分布するバンレイシ科や，主に南半球に分布するシキミモドキ科，北米産のロウバイ科などの基部被子植物でも甲虫媒が知られている（Thien, 2009; Endress, 2010）。先にも紹介したように，甲虫による送粉は裸子植物のソテツにも見られることから，甲虫媒は初期の被子植物で一般的だったと考えられている。

9. アザミウマによる送粉

　基部被子植物に多く見られるもう1つの送粉様式が，アザミウマによる送粉である。アザミウマ媒は先述のように現生のソテツ類にも見られ，琥珀に閉じ込められた白亜紀のアザミウマの化石にも裸子植物の花粉が付着しているのが見つかっている（Peñalver *et al.*, 2012）。また，基部被子植物であるセンリョウ科のヒトリシズカやフタリシズカ（図7-a）がアザミウマ媒である

ことが中国における研究からわかっている（Luo & Li, 1999）。アザミウマ媒はこのほかニクズク科，バンレイシ科，シキミモドキ科などの基部被子植物でも見られ，ほとんどの場合幼虫が花粉や花被を食べて花で成育している。基部被子植物では蜜を報酬とする送粉様式が少ないことから，被子植物の進化の初期には花粉や花組織を報酬として与える関係が一般的だったと考えられる（Thien *et al.*, 2009）。

　一方で，より派生的な被子植物にもアザミウマ媒はある。例えば日本ではノグルミ（図7-b）がアザミウマに送粉されることが福岡教育大学の福原達人さんらによって近年明らかにされた（Fukuhara & Tokumaru, 2014）。クルミ科は多くが風媒であるが，ノグルミの花には甘い匂いがあり，風媒から二次的に虫媒になったものかもしれない。第10章では，山﨑絵理さんがトウダイグサ科オオバギ属の送粉にかかわるアザミウマと防衛アリとの間の興味深い関係を紹介されている。

10. 鳥による送粉

　現生鳥類の起源はジュラ紀にまでさかのぼるが，鳥類の多様化が起こったのは，中生代白亜紀末に恐竜が絶滅して以降であると考えられている（Claramunt & Cracraft, 2015）。中生代の空の生態系には翼竜が君臨しており，

BOX　　　　　　　　　　　*オオバギのカメムシ媒*

　トウダイグサ科オオバギ属は東南アジアの熱帯を中心に分布する植物だが，日本にも1種オオバギ（図7）が生育する。第10章でも紹介されているように，オオバギ属の多くの種はアザミウマ媒だが，日本のオオバギは花で成育するカスミカメムシに送粉されていることが京都大学の石田千香子さん（当時）と酒井章子さんらの研究によって明らかにされた（Ishida *et al.*, 2009）。オオバギの花は花弁がほとんど退化していて，葉が変形した苞に覆われているが，この苞の向軸側の基部にある袋状の毛にカスミカメムシが口吻を突き刺して採餌するらしい。カスミカメムシは花序に産卵し，幼虫はこの苞の中で育つ。熱帯や亜熱帯の森というと，大型の派手な花が咲き乱れる様子を思い浮かべるが，実際にはこのように花とは思えないほど地味な花をつけ，特別な昆虫と共生関係を結ぶことで世代を繋いでいる植物が少なくない。

鳥類の繁栄は恐竜の絶滅を待たなければならなかったのだろう。白亜紀の終わりには裸子植物は急速に多様性を減じ、被子植物の台頭が始まっていたから、鳥類が裸子植物の受粉を担うことはなかっただろう。同じように基部被子植物で鳥媒はほとんど知られておらず、モクレン科のユリノキがその数少ない例の1つである可能性がある。

　一方、より派生的な被子植物では、世界中のさまざまな科の植物で鳥による送粉が進化している。しかし、日本の野生植物に限って見ると、意外にもその数は少ない。日本における鳥媒花の代表がヤブツバキである（図8-a, b）。ヤブツバキは本州では2～3月のまだ寒い時期に花をつける。花では、蜜を舐めにきたメジロやヒヨドリが顔いっぱいに黄色い花粉をつけていることも多い。メジロやヒヨドリは日本産の鳥の中でも特に花の蜜を好むが、春から夏の子育ての時期は昆虫などを捕え、また秋から冬にかけては果実を好んで食べるため、これらの鳥を惹きつけるのに最も良い季節が早春なのかもしれない。鳥は昆虫と同等、あるいはそれ以上に移動性が高く、良い送粉者としての性質を備えているが、日本では花蜜に強く依存した食性をもつ鳥が少ないことが、鳥媒花の少なさの理由だろう。138ページのコラムでは、神戸大学の船本大智さんと杉浦真治さんによって最近発見された、マツグミのメジロ媒の例が紹介されている。

　この他、日本で鳥媒花として報告されているものにオヒルギやハマジンチョウなどがあり（Kondo *et al.*, 1991; Sugawara *et al.*, 2019）、今後調査が進めばまだ気付かれていない鳥媒花も見つかってくるだろう。

　鳥媒の花は、多くが鮮やかな赤色であるという世界的な傾向がある。鳥類は紫外・青・緑・赤を受容する4種類の視細胞をもっているが、チョウの項でも述べたように、ハナバチを含む多くの昆虫は赤色への感度が弱いため、鳥の目には映えるが、花粉や蜜を消費してしまう昆虫に目立たない色として赤色が選択されたのだろう（Rodríguez-Gironés & Santamaría, 2004）。また、鳥媒の花は蜜量が多く、一方で鳥類は嗅覚があまり発達していないため、匂いがほとんどない。これらの一連の形質の収斂は、スズメガ媒花に見られた形質のシンドロームと並び、送粉シンドロームの最も顕著な例である。

　世界の熱帯域には、成鳥がもっぱら花蜜を食べる鳥類のグループがあり、これらの鳥に受粉を託す植物が多い。花蜜食の進化は、アフリカから東南アジアにかけて分布するタイヨウチョウ科、ニューギニアやオーストラリアか

図8 鳥媒花

a: ツバキの花。**b**: ツバキで吸蜜するメジロ。**c**: オヒルギの花。左の花が開花中で，その右のものは開花が終わっている。**d**: *Aquilegia formosa*（キンポウゲ科）。**図2-f**のように，アジアのオダマキ属はマルハナバチ媒であるが，北米ではハチドリ媒のものがある（カリフォルニア）。**e**: ハチドリに送粉されるハナシノブ科の *Ipomopsis aggregata*（アリゾナ）。**f**: フトオハチドリ *Selasphorus platycercus*（アリゾナ）。**g**: 筒状の長い花托をもつトケイソウ科の *Passiflora mixta*。ヤリハシハチドリ *Ensifera ensifera* に送粉される。

ら太平洋諸島に分布するミツスイ科，南北アメリカ大陸に広く分布するハチドリ科で独立に起きており，これらの鳥はそれぞれの地域で送粉者としての重要な位置を占める。特に，新大陸のハチドリ科はホバリングしながら花から花へと俊敏に飛び回る優れた送粉者であり，オダマキ属やハナシノブ科のようにアジアではハナバチ媒の植物が，アメリカ大陸ではハチドリに適応した真っ赤な花をつけている（Whittall & Hodges, 2007。図8-d, e, g）。近縁な植物どうしのこれほどまでに劇的な花色変化を見ると，送粉者が花形質に及ぼす自然選択がいかに強いかをあらためて思い知らされる。アンデス山地の高地に生育するトケイソウ科の一種は，10 cm を超える長い筒状の花托をもち，ヤリハシハチドリと呼ばれる，体に不釣り合いなほど長い嘴を発達させたハチドリの1種に送粉されている。スズメガの口吻と花の共進化のように，これも花と嘴の長さの間でレースが起きた例である（Abrahamczyk *et al.*, 2014。図8-g）。

図9　コウモリ媒花
a: ギランイヌビワの実を舐めるヤエヤマオオコウモリ。**b**, **c**: ツルアダン属の一種
Freycinetia sp.（ニューカレドニア）。**b**: 開花中の雄株。**c**: 雄花序。ソーセージ状のものが
小さな花が軸上に集まった肉穂花序で，周囲の葉は赤く色づき果肉状になり，甘い報酬と
なる。

11. コウモリによる送粉

　コウモリは飛翔性を獲得した哺乳類である。その化石は新生代からしか知られていないため（Simmons *et al.*, 2008），コウモリが飛翔能力を獲得した時点ではすでに鳥が空の生態系で確固たる地位を得ていたはずである。鳥が優れた視覚をもち，主に昼の生態系で活動するのに対し，コウモリは超音波を用いた反響定位の能力を発達させ，夜の生態系で繁栄した。コウモリの多くは反響定位を駆使して昆虫などの獲物を狩る肉食性だが，コウモリの中で反響定位の能力をもたず，果実や花蜜に依存して生活する大型のオオコウモリと呼ばれる一群がある。日本には琉球列島にクビワオオコウモリ，オキナワオオコウモリ，ヤエヤマオオコウモリの3種が，小笠原諸島にオガサワラオオコウモリの計4種が生息しており，これらが分布する亜熱帯地域でオオコウモリ媒の植物が知られている。小林峻さんの第9章は，このオオコウモリをはじめとした哺乳類に花粉が運ばれるウジルカンダの話である。

　八重山諸島や小笠原諸島に生育するツルアダンが含まれるツルアダン属にもオオコウモリ媒の種が多い。ツルアダン属の植物は雌雄異株で，多数の小さな雄花または雌花が軸上に集まった肉穂花序を枝の先端に複数つける。興味深いのは，ツルアダン属では花序を取り囲む苞が果肉状になって色づき，これが送粉者への報酬となっていることだ。実際にこの苞を食べてみると，甘い汁がじゅわっと口の中に広がり，美味しい。送粉者への報酬として葉を食べさせる珍しい例である（図9-b, c）。

　オオコウモリはアフリカからアジア，オセアニアにかけての旧熱帯に分布し，野生のバナナやドリアンをはじめ，さまざまな科の植物の重要な送粉者である（Fleming *et al.*, 2009）。一方，オオコウモリがいない新大陸では，オオコウモリとは系統的に隔たったヘラコウモリ科のシタナガコウモリ類で植物食が進化しており，旧大陸のオオコウモリの生態的地位を占めている。ただしオオコウモリとは異なり，シタナガコウモリは反響定位をする能力をもち，色や匂いだけでなく超音波も使って花を探索する。そのため，シタナガコウモリに受粉される植物の中には，コウモリが発する超音波を特定のパターンで跳ね返して花の位置を知らせる適応を遂げたものがある。マメ科やマルクグラビア科には，花弁や花の近くにつく葉が半球状の独特な形をしており，それによって特徴的な反響を起こすものや（von Helversen & von Helversen, 1999; Simon *et al.*, 2011），サボテン科には，花の周囲の茎に毛が密生し，この部分が超音波を吸収することで花との間に音のコントラストをつくり出し，花の位置を際立たせていると考えられるものが知られている（Simon *et al.*, 2019）。自ら音を出す植物は知られていないが，音を送粉者への信号として利用する驚くべき植物たちである。

12. 非飛翔性哺乳類による送粉

　コウモリ以外の哺乳類も送粉に貢献することがある。日本では，**第 9 章**で小林峻さんが紹介されているウジルカンダが唯一の例かもしれない。非飛翔性の哺乳類による送粉は南アフリカ，マダガスカル，オーストラリアなどの南半球の地域にとりわけ多い（Carthew & Goldingay, 1997）。南アフリカではネズミ類，およびネズミ目と系統的に離れたハネジネズミ類による送粉が近年相次いで報告されており，キジカクシ科，イヌサフラン科，ヤマモガシ科，ツツジ科，寄生植物のキティヌス科やハマウツボ科など，実にさまざまな科で見つかっている（Kleizen *et al.*, 2008; Johnson *et al.*, 2011; Johnson & Pauw, 2014）。これらの花，あるいは花序は地表性で，もっぱら夜に咲き，多くが緑色や暗色の目立たない色をしている。キジカクシ科の *Massonia depressa* の花蜜は糖度が 20% ほどで一般的な花の蜜と大きく変わらないが，蜜そのものがゼリー状になっており，これは夜行性のガ類などの昆虫による盗蜜を防ぐ適応だと考えられている（Johnson *et al.*, 2001）。マダガスカルではキツネザルによる送粉が，オウギバショウ（別名:タビビトノキ，ヤシ科）

などで知られている（Kress *et al.*, 1994）。キツネザルは，ウジルカンダを送粉するニホンザルと並んで世界最大の送粉者だろう。オーストラリアには，哺乳類で唯一花蜜と果実だけを食べる有袋類のフクロミツスイや，同じく花蜜や果実を主要な餌とするフクロヤマネやフクロモモンガがおり，とりわけヤマモガシ科やフトモモ科でこれらによる送粉に強く依存した植物がある（Carthew & Goldingay, 1997）。

13. 絶対送粉共生

　この章の最後に，絶対送粉共生系と呼ばれる，植物と昆虫の間の共進化のひときわ見事な例を紹介したい。これまで見てきたように，植物が送粉者に与える報酬には，花蜜，花粉，花油，匂い，熱，幼虫の成育場所などさまざまなものがあった。幼虫の成育場所が報酬となる場合，報酬となる組織は，花被や苞，開花後の雄花序などである場合が多い。幼虫の成育場所として提供されるこれらの組織はいずれも，受粉後は植物の繁殖に必要のない部位であり，植物にとっては安上がりの報酬なのかもしれない。しかし，受粉の結果としてできた種子そのものを送粉者の幼虫の餌として犠牲にする植物がいくつかの科で知られており，これらの植物と送粉者の間では大変興味深い適応が見られる。送粉者の幼虫に種子を提供する関係は，送粉者が特定の1種に限られることが多く，植物と送粉者が互いに相手の存在なしには存続できない依存関係にあることから，しばしば絶対送粉共生と呼ばれる。

13.1. イチジクとイチジクコバチの共生

　クワ科イチジク属は，世界の熱帯を中心に約800種が存在し，これらすべてが幼虫期にイチジク属植物の胚珠を食べて育つイチジクコバチ科の昆虫に送粉されている（図10-a～h）。イチジクの果実のように見える袋状の構造は，内側に小さい花がたくさん配列した花囊 syconia と呼ばれる花序であり，先端の穴から花粉をもったイチジクコバチの雌が潜り込んでいって中の雌花に産卵する。イチジクコバチの幼虫は雌花の胚珠1つを消費して成虫になり，雄は羽化すると花囊の中で雌と交尾し，交尾を終えた雌だけが花粉を携えて産卵のために次の花囊へと飛び立つのだ。

　さらに興味深いのは，イチジクコバチの多くの種は，前脚基節，および中胸腹板に花粉ポケットと呼ばれる花粉をためる特殊な構造があり（Ramírez,

図10　イチジクとイチジクコバチ，およびユッカとユッカガの絶対送粉共生

a–d: 日本産のイチジク属植物。**a**: イヌビワ。**b**: ギランイヌビワ。花嚢は幹につく。**c**: アカメイヌビワ。**d**: ハマイヌビワ。**e**: イヌビワの花嚢の断面。粒のように見えるもの1つずつが1つの花由来の種子。一部はイヌビワコバチの幼虫を含む。**f**: 羽化したばかりのイヌビワコバチの雌。**g**: イヌビワコバチの雄。**h**: 花嚢に入り込もうとするイチジクコバチの一種。宿主のイチジクは *Ficus auriculata*（ラオス）。**i**: イトラン *Yucca filamentosa*（ニューヨーク）。**j**: 子房に産卵する *Tegeticula yuccasella* の雌。**k**: 能動的な授粉。**l**: 花で採集した *T. yuccasella* の雌。口吻の両脇に花粉を集めるための触肢が1対あり，それによって集められた花粉が団子状になって頭部についている（◁）。**m**: 結実期の *Yucca elata*（アリゾナ）。**n**: 裂開した *Y. elata* の蒴果。ユッカガの幼虫の穿孔がある（◀）。

図11　ウラジロカンコノキとウラジロカンコハナホソガの絶対送粉共生
a: 開花中のウラジロカンコノキ。**b**: 開花中の枝。小さい雄花と雌花が葉腋に集まってつく。
c: 雄花で口吻を使って花粉を集めるウラジロカンコハナホソガの雌。**d**: 雌花への授粉。**e**:
産卵。**f**: 口吻に保持されている大量の花粉。**g**: 果実。**h**: 幼虫の食害（◁）を受けた果実。
通常1匹の幼虫は6個の種子のうち2～3個を食べて成熟する。

1969），羽化して交尾を終えた雌は，前脚を使って花粉を積極的に花粉ポケ
ットに集めることが知られている（Galil & Eisikowitch, 1969; Frank, 1984）。
羽化した花嚢を飛び立って新しい花嚢に入ると，今度は花粉ポケットにため
た花粉を使って雌花を受粉していくのだ。幼虫の餌となる種子が確実にでき
るよう，送粉者自ら能動的に花粉を運ぶ適応が起きた驚くべき進化である。
イチジクコバチの幼虫はイチジクの種子を食べるが，花嚢の中の全ての胚珠
に卵が産まれることはまれで，食害を逃れた種子がイチジクの取り分となる。
　日本には南西諸島を中心に18種のイチジク属植物があり，それぞれの種
に決まった種のイチジクコバチが共生している（Azuma *et al.*, 2010）。日本産

のイチジクコバチがどのように花粉を運ぶかの詳細はほとんど研究されていないが，詳しい観察がなされているイヌビワでは，送粉者のイヌビワコバチは胸部に花粉ポケットをもたない代わりに，腹部第7節の腹板の溝に花粉をためこみ，それが産卵の際に受粉に使われるという興味深い発見がなされている（Okamoto & Tashiro, 1981）。

13.2. ユッカとユッカガの共生

　リュウゼツラン科のユッカ属は北中米の砂漠地帯を中心に約40種があり，イチジクと同じようにこれらの種子を食べる昆虫が送粉を担っている（Pellmyr, 2003。図10-i〜n）。ユッカの送粉者はユッカガと呼ばれるユッカガ科のガで，イチジクコバチと同様に雌が胚珠に産卵して幼虫が種子を食べて育つ。花は昼間は球状に閉じており，ユッカガはその中で休んでいるが，夜になると花は大きく開き，ユッカガが活動を始める。花には石鹸のような，独特の匂いがある。花粉を携えたユッカガの雌はまず胚珠に産卵し，産卵を終えると花柱を登り，癒合した3本の雌しべの中心に頭部を小刻みに押しつけるようにして能動的に受粉する。ユッカガの雌の口器には，口吻の両脇に，花粉の収集に特化した1対の触肢が生えており，雌はこれを用いて葯で多量の花粉を集め，口器に保持しているのだ（図10-l）。ユッカの果実はバナナほどの太さの蒴果で，中には平たい種子がたくさんでき，ユッカの幼虫はこれらの種子の一部のみを食べて成熟する。日本では観賞用にキミガヨラン，イトランなどのユッカ属の種が導入されて植栽されているが，送粉者のユッカガはおらず，この見事な共生が日本で観察できないのは何とも惜しい。

13.3. コミカンソウ科とハナホソガ属の共生

　イチジクコバチの能動的送粉行動をはじめ，イチジクの受粉の生態が詳しく研究されるようになったのは1950年代以降だが，イチジクコバチがイチジクの花囊に入り込み，イチジクが熟すのを助けていることは，栽培イチジクの原産地と考えられている中近東地域では数千年も前から知られていた（Condit, 1947）。また，ユッカとユッカガの共生は1870年代からCharles Rileyによって精力的に研究され，その発見はダーウィンを驚かせた（Pellmyr, 2003）。種子食性の送粉者と植物の間のこうした見事な共進化と多様化は，ユッカとユッカガの関係の発見以来100年以上も見つかっていなかったが，

その第3の例が，2003年に京都大学の加藤真先生によって日本の野生植物で発見された（Kato *et al.*, 2003。図11）。

コミカンソウ科のカンコノキ属は日本に5種があり，花も実も特に人を惹きつけるような魅力はない，目立たない植物である。花には雄花と雌花があり，葉の付け根に混ざり合うようにつく。この花の花粉を運ぶのはホソガ科ハナホソガ属のガの雌で，成虫は体長1 cmもない小さなガである。夜間，雌のガは雄花で口吻を何度も伸ばしたり巻き戻したりしながら口吻に花粉を集めていく。花には蜜がないため，口吻を伸ばすのは蜜を得るためではなく，花粉を集めることが目的としか考えられない。こうして集めた花粉を次に雌花の柱頭に丁寧につけ，イチジクコバチやユッカガと同じように自分が産卵する花を能動的に受粉するのだ。ハナホソガの雌の口吻には，雄の口吻には見られない微細な毛がたくさん生えており，口吻に花粉を保持しやすくするためと考えられる適応が見られる。雌は1回の受粉あたり1つの卵を雌花に産み，ふ化した幼虫はできた種子のうちの一部だけを食べて成熟し，果実から出て地面で蛹化する（Kato *et al.*, 2003）。

日本の5種のカンコノキ属植物は，それぞれ異なる種のハナホソガに送粉されており，両者の間には高い種特異性がある（Kawakita & Kato, 2016）。カンコノキ属植物の花は，その見た目からは想像もつかないが，ハナホソガが活動する夜にとても良い匂いを放つ。その匂いはカンコノキの種ごとに異なり（Okamoto *et al.*, 2007），人が嗅いでも違いがはっきりわかるほどだ。これに対応するようにハナホソガも種ごとに匂いの好みが異なり，琉球列島の島々のようにいくつかの種のカンコノキ属植物が混ざり合って生えているようなところでも，ハナホソガがパートナーを間違えることはない。

その後の研究から，カンコノキ属で見つかったハナホソガとの共生は，カンコノキ属に近縁なオオシマコバンノキ属とコミカンソウ属でも見られることがわかり，アジアの熱帯域，オセアニア，マダガスカル，そして最近は新熱帯においても共生が見られることがわかってきた（Kawakita *et al.*, 2019）。共生にかかわっているコミカンソウ科植物は500種を超えると見積もられる。カンコノキ属とハナホソガ属の共生の発見は，その自然史の面白さ，かかわっている種数の多さ，研究の広がり，そしてカンコノキ属という，ほとんど着目されることがなかった植物に光をあてた新しさ，これらすべてを考え合わせると，この100年の送粉生態学における最大の発見だと思う。

おわりに

この章では日本に自生する野生植物を中心に送粉様式の多様性を紹介したが，ここでは紹介しきれなかった驚くような送粉様式が他にもたくさんある。また，日本の野生植物でもまだ思いもよらない送粉様式が，現在も次々と明らかになっている。被子植物の花は多様であり，花の多様性はそれ自体が素晴らしく魅力的であるが，その背後にある動物とのかかわりを理解するとその魅力は何倍にも味わい深い。世界に目を広げれば，私たちの花の常識を塗り替えるような発見がいったいどれだけ眠っていることだろう。1人の研究者が調べることができる植物には限りがあるが，花の多様性の謎を解き明かす研究の地平は果てしなく広い。

謝辞

この章で紹介したさまざまな植物や昆虫の自然史をはじめ，送粉生態学の面白さを教えていただいた京都大学の加藤真先生に深く感謝いたします。図に用いたペルー，マダガスカル，ラオスの写真は，加藤先生に学術調査に連れて行っていただいた際に撮影したものです。また望月昂さん（東京大学）にはハクサンチドリに訪花するエゾオオマルハナバチ，カキランに訪花するヒラタアブの貴重な写真を提供いただきました。正籬卓さん，Bruce Andersonさん（Stellenbosch大学）にはそれぞれヤエヤマオオコウモリ，雄花で花粉を集めるウラジロカンコハナホソガの写真を提供いただきました。厚くお礼申し上げます。

引用文献

Abrahamczyk, S. *et al.* 2014. Escape from extreme specialization: passionflowers, bats and the sword-billed hummingbird. *Proceedings of the Royal Society B: Biological Sciences* **281**: 20140888.

Arikawa, K. 2017. The eyes and vision of butterflies. *Journal of Physiology* **595**: 5457–5464.

Azuma, H. *et al.* 2010. Molecular phylogenies of figs and fig-pollinating wasps in the Ryukyu and Bonin (Ogasawara) islands, Japan. *Genes & Genetic Systems* **85**: 177–192.

Brodmann, J. *et al.* 2008. Orchids mimic green-leaf volatiles to attract prey-hunting wasps for pollination. *Current Biology* **18**: 740–744.

Brodmann, J. *et al.* 2009. Orchid mimics honey bee alarm pheromone in order to attract hornets for pollination. *Current Biology* **19**: 1368–1372.

Brodmann, J. *et al.* 2012. Pollinator attraction of the wasp-flower *Scrophularia umbrosa* (Scrophulariaceae). *Plant Biology* **14**: 500–505.

Carthew, S. M. & R. L. Goldingay. 1997. Non-flying mammals as pollinators. *Trends in Ecology & Evolution* **12**: 104–108.

Claramunt, S. & J. Cracraft. 2015. A new time tree reveals Earth history's imprint on the evolution of modern birds. *Science Advances* **1**: e1501005.

Condit, I. J. 1947. The Fig. Chronica Botanica Co., Massatsusetts.

Conner, W. E. & A. J. Corcoran. 2012. Sound strategies: the 65-million-year-old battle between bats and insects. *Annual Review of Entomology* **57**: 21–39.

Dressler, R. L. 1982. Biology of the orchid bees (Euglossini). *Annual Review of Ecology, Evolution, and Systematics* **13**: 373–394.

Endress, P. K. 2010. The evolution of floral biology in basal angiosperms. *Philosophical transactions of the Royal Society of London. B* **365**: 411–421.

Fleming, T. H. *et al.* 2009. The evolution of bat pollination: a phylogenetic perspective. *Annals of Botany* **104**: 1017–1043.

Frank, S. A. 1984. The behavior and morphology of the fig wasps *Pegoscapus assuetus* and *P. jimenezi*: descriptions and suggested behavioral characters for phylogenetic studies. *Psyche* **91**: 289–308.

Fukuhara, T. & S. Tokumaru. 2014. Inflorescence dimorphism, heterodichogamy and thrips pollination in *Platycarya strobilacea* (Juglandaceae). *Annals of Botany* **113**: 467–476.

Galil, J. & D. Eisikowitch. 1969. Further studies on the pollination ecology of *Ficus sycomorus* L. *Tijdschrift voor Entomologie* **112**: 1–13.

Gong, Y. B. & S. Q. Huang. 2014. Interspecific variation in pollen–ovule ratio is negatively correlated with pollen transfer efficiency in a natural community. *Plant Biology* **16**: 843–847.

ハインリッチ, B. 1991. マルハナバチの経済学. 井上民二（監訳）, 加藤 真・市野 隆雄・角谷 岳彦（訳）, 文一総合出版.

von Helversen, D. & O. von Helversen. 1999. Acoustic guide in bat-pollinated flower. *Nature* **398**: 759–760.

Inoue K. 1983. Systematics of the genus *Platanthera* (Orchidaceae) in Japan and adjacent regions with special reference to pollination. *Journal of the Faculty of Science, University of Tokyo. Sect. 3, Botany* **13**: 285–374.

Inoue K. 1985. Reproductive biology of two platantherans (Orchidaceae) in the island of Hachijo. Jap. *Journal of Ecology* **35**: 77–83.

Ishida, C. *et al.* 2009. A new pollination system: brood-site pollination by flower bugs in *Macaranga* (Euphorbiaceae). *Annals of Botany* **103**: 39–44.

Ishida, K. 1996. Beetle pollination of *Magnolia praecocissima* var. *borealis*. *Plant Species*

Biology **11**: 199–206.

Ito-Inaba, Y. *et al.* 2019. Alternative oxidase capacity of mitochondria in microsporophylls may function in cycad thermogenesis. *Plant Physiology* **180**: 743–756.

Jiang, H. *et al.* 2020. *Cypripedium subtropicum* (Orchidaceae) employs aphid colony mimicry to attract hoverfly (Syrphidae) pollinators. *New Phytologist* **227**:1213-1221.

Johnson, C. M. & A. Pauw. 2014. Adaptation for rodent pollination in *Leucospermum arenarium* (Proteaceae) despite rapid pollen loss during grooming. *Annals of Botany* **113**: 931–938.

Johnson, S. D. *et al.* 2001. Rodent pollination in the African lily *Massonia depressa* (Hyacinthaceae). *American Journal of Botany* **88**: 1768–1773.

Johnson, S. D. *et al.* 2011. Mammal pollinators lured by the scent of a parasitic plant. *Proceedings of the Royal Society B: Biological Sciences* **278**: 2303–2310.

Kato, M. & T. Inoue. 1994. Origin of insect pollination. *Nature* **368**: 195.

Kato, M. *et al.* 1995. Pollination biology of *Gnetum* (Gnetaceae) in a lowland mixed dipterocarp forest in Sarawak. *American Journal of Botany* **82**: 862–868.

Kato, M. *et al.* 2003. An obligate pollination mutualism and reciprocal diversification in the tree genus *Glochidion* (Euphorbiaceae). *Proceedings of the National Academy of Sciences of the United States of America* **100**: 5264–5267.

Kawakita, A. & M. Kato. 2016. Revision of the Japanese species of *Epicephala* Meyrick with descriptions of seven new species (Lepidoptera, Gracillariidae). *ZooKeys* **568**: 87–118.

Kawakita, A.*et al.* 2019. Leafflower–leafflower moth mutualism in the Neotropics: Successful transoceanic dispersal from the Old World to the New World by actively-pollinating leafflower moths. *PLoS ONE* **14**: e0210727.

Kleizen C. *et al.* 2008. Pollination systems of *Colchicum* (Colchicaceae) in Southern Africa: evidence for rodent pollination. *Annals of Botany* **102**: 747–755.

Kondo, K. *et al.* 1991. Pollination in *Bruguiera gymnorrhiza* (Rhizophoraceae) in Miyara River, Ishigaki Island, Japan, and Phangnga, Thailand. *Plant Species Biology* **6**: 105–109.

Kono, M. & H. Tobe. 2007. Is *Cycas revoluta* (Cycadaceae) wind- or insect-pollinated? *American Journal of Botany* **94**: 847–855.

Kress, W. J. *et al.* 1994. Pollination of *Ravenala madagascariensis* (Sterlitziaceae) by lemurs in Madagascar: evidence for an archaic coevolutionary system? *American Journal of Botany* **81**: 542–551.

工藤 岳. 1999. パラボラアンテナで熱を集める植物—太陽を追いかけるフクジュソウの花. 大原 雅（編）. 花の自然史. 北海道大学出版会, pp. 216–226.

Labandeira, C. C. 2010. The pollination of mid Mesozoic seed plants and the early history of long-proboscid insects. *Annals of the Missouri Botanical Garden* **97**: 469–513.

Labandeira, C. C. *et al.* 2016. The evolutionary convergence of mid-Mesozoic lacewings and Cenozoic butterflies. *Proceedings of the Royal Society B: Biological Sciences* **283**: 20152893.

Lunau, K. *et al.* 2015. Just spines—mechanical defense of malvaceous pollen against collection by corbiculate bees. *Apidologie* **46**: 144–149.

Luo, Y. B. & Z. Y. Li. 1999. Pollination ecology of *Chloranthus serratus* (Thunb.) Roem. et Schult. and *Ch. fortunei* (A. Gray) Solms-Laub. (Chloranthaceae). *Annals of Botany* **83**: 489–499.

Nagamasu, H. & M. Kato. 2004. *Nothapodytes amamianus* (Icacinaceae), a new species from the Ryukyu Islands. Acta Phytotax.Geobot. **55**: 75–78.

Naiki, A. & M. Kato.. 1999. Pollination system and evolution of dioecy from distyly in *Mussaenda parviflora* (Rubiaceae). *Plant Species Biology* **14**: 217–227.

Norstog, K. J. & P. K. S. Fawcett. 1989. Insect–cycad symbiosis and its relation to the pollination of *Zamia furfuracea* (Zamiaceae) by *Rhopalotria mollis* (Curculionidae). *American Journal of Botany* **76**: 1380–1394.

Oelschlägel, B. *et al.* 2015. The betrayed thief – the extraordinary strategy of *Aristolochia rotunda* to deceive its pollinators. *New Phytologist* **203**: 342–351.

Okamoto, M. & M. Tashiro. 1981. Mechanism of pollen transfer and pollination in *Ficus erecta* by *Blastophaga nipponica*. *Bulletin of the Osaka Museum of Natural History* **34**: 7–16.

Okamoto, T. *et al.* 2007. Interspecific variation of floral scent composition in *Glochidion* (Phyllanthaceae) and its association with host-specific pollinating seed parasite (*Epicephala*; Gracillariidae). *Journal of Chemical Ecology* **33**: 1065–1081.

Okamoto, T. *et al.* 2008. Floral adaptations to nocturnal moth pollination in *Diplomorpha* (Thymelaeaceae). *Plant Species Biology* **23**: 192–201.

Okuyama, Y. *et al.* 2004. Pollination by fungus gnats in four species of the genus *Mitella* (Saxifragaceae). *Botanical Journal of the Linnean Society* **144**: 449–460.

Okuyama, Y. *et al.* 2008. Parallel floral adaptations to pollination by fungus gnats within the genus *Mitella* (Saxifragaceae). *Molecular Phylogenetics and Evolution* **46**: 560–575.

Pellmyr, O. 2003. Yuccas, yucca moths, and coevolution: a review. *Annals of the Missouri Botanical Garden* **90**: 35-55.

Peñalver, E.*et al.* 2012. Thrips pollination of *Mesozoic gymnosperms*. *Proceedings of the National Academy of Sciences of the United States of America* **109**: 8623–8628.

Ramírez, W. B. 1969. Fig wasps: mechanisms of pollen transfer. *Science* **163**: 580–581.

Ren, D. *et al.* 2009. A probable pollination mode before angiosperms: Eurasian, long-proboscid scorpionflies. *Science* **326**: 840–847.

Ren, Z. X. *et al.* 2011. Flowers of *Cypripedium fargesii* (Orchidaceae) fool flat-footed flies (Platypezidae) by faking fungus-infected foliage. *Proceedings of the National Academy of Sciences of the United States of America* **108**: 7478–7480.

Renner, S. S. & H. Schaefer. 2010. The evolution and loss of oil-offering flowers: new insights from dated phylogenies for angiosperms and bees. *Philosophical*

Transactions of the Royal Society B **365**. 423–435.

Rodríguez-Gironés, M. A. & L.Santamaria. 2004. Why are so many bird flowers red? *PLoS Biology* **2**: e350.

Roubik, D. & P. Hanson. 2004. Orchid bees of tropical America: Biology and field guide. Inbio Press, Heredia, Costa Rica.

Rydin, C. & K. Bolinder. 2015. Moonlight pollination in the gymnosperm *Ephedra* (Gnetales). *Biology Letters* **11**: 20140993.

Sakai, S. & T. Inoue. 1999. A new pollination system: dung-beetle pollination discovered in *Orchidantha inouei* (Lowiaceae, Zingiberales) in Sarawak, Malaysia. *American Journal of Botany* **86**: 56–61.

坂本亮太・川窪伸光. 2016. 送粉者としてのチョウを考える. 種生物学会 電子版和文誌 **1**. http://www.speciesbiology.org/archives/2015_12_11_16_11_58.html

Sakamoto, R. L. *et al.* 2012. Contribution of pollinators to seed production as revealed by differential pollinator exclusion in *Clerodendrum trichotomum* (Lamiaceae). *PLoS ONE* **7**: e33803.

Schäffler, I. *et al.* 2015. Diacetin, a reliable cue and private communication channel in a specialized pollination system. *Scientific Reports* **5**: 12779.

Seymour, R. S. & P. G. D. Matthews. 2006. The role of thermogenesis in the pollination biology of the Amazon waterlily *Victoria amazonica*. *Annals of Botany* **98**: 1129–1135.

種生物学会（編). 2014. 視覚の認知生態学：生物たちが見る世界. 文一総合出版.

Simmons, N. B. *et al.* 2008. Primitive Early Eocene bat from Wyoming and the evolution of flight and echolocation. *Nature* **451**: 818–821.

Simon, R. *et al.* 2011. Floral acoustics: conspicuous echoes of a dish-shaped leaf attract bat pollinators. *Science* **333**: 631–633.

Simon, R. *et al.* 2019. An ultrasound absorbing inflorescence zone enhances echo-acoustic contrast of bat-pollinated cactus flowers. *bioRxiv*

Stökl, J. *et al.* 2011. Smells like aphids: orchid flowers mimic aphid alarm pheromones to attract hoverflies for pollination. *Proceedings of the Royal Society B: Biological Sciences* **278**: 1216–1222.

Suetsugu, K. 2018. Achlorophyllous orchid can utilize fungi not only for nutritional demands but also pollinator attraction. *Ecology* **99**: 1498–1500.

Suetsugu, K. & M. Hayamizu. 2014. Moth floral visitors of the three rewarding *Platanthera* orchids revealed by interval photography with a digital camera. *Journal of Natural History* **48**: 17–18.

菅原 敬. 1999. カンアオイの花生態―キノコバエをだまして花粉を媒介するタマノカンアオイ. 大原 雅（編), 花の自然史, pp. 57–73. 北海道大学出版会.

Sugawara, T. *et al.* 2016. Morphological change of trapping flower trichomes and flowering phenology associated with pollination of *Aristolochia debilis* (Aristolochiaceae) in Central Japan. *The Journal of Japanese Botany* **91**: 88–96.

Sugawara, T. *et al.* 2019. Pollination by the Japanese white-eye *Zosterops japonicus*

(Zosteropidae) in *Pentacoelium bontioides* (Scrophulariaceae). *The Journal of Japanese Botany* **94**: 1–8.

Sugiura N. 1996. Pollination of the orchid *Epipactis thunbergii* by syrphid flies (Diptera: Syrphidae). *Ecological Research* **11**: 249–255.

Suinyuy, T. N. *et al.* 2015. Geographical matching of volatile signals and pollinator olfactory responses in a cycad brood-site mutualism. *Proceedings of the Royal Society B: Biological Sciences* **282**: 20152053.

高橋 弘, 山内 克典. 2006. ANITA 植物群4 種の受粉生物学. 平成15–17 年度科学研究費補助金研究成果報告書.

髙野（竹中）宏平. 2012. サトイモ科植物とタロイモショウジョウバエの送粉共生. 種生物学会（編）, 種間関係の生物学, pp. 195–216. 文一総合出版.

Tan, K. H. & R. Nishida. 2000. Mutual reproductive benefits between a wild orchid, *Bulbophyllum patens*, and *Bactrocera* fruit flies via a floral synomone. *Journal of Chemical Ecology* **26**: 533–546.

Tan, K. H. & R. Nishida. 2005. Synomone or kairomone? – *Bulbophyllum apertum* (Orchidaceae) flower releases raspberry ketone to attract *Bactrocera* fruit flies. *Journal of Chemical Ecology* **31**: 509–519.

Tan, K. H. *et al.* 2002. Floral synomone of a wild orchid, *Bulbophyllum cheiri*, lures *Bactrocera* fruit flies for pollination. *Journal of Chemical Ecology* **28**: 1161–1172.

Terry, I. *et al.* 2007. Odor-mediated push-pull pollination in cycads. *Science* **318**: 70.

Thien, L. B. *et al.* 2009. Pollination biology of basal angiosperms (ANITA grade). *American Journal of Botany* **96**: 166–182.

鷲谷 いづみ, 加藤 真, 鈴木 和雄, 小野 正人. 1997. マルハナバチ・ハンドブック―野山の花とのパートナーシップを知るために. 文一総合出版.

Wetschnig, W. & B. Depisch. 1999. Pollination biology of *Welwitschia mirabilis* Hook. f. (Welwitschiaceae, Gnetopsida). *Phyton* **39**: 167–183.

Whittall, J. B. & S. A. Hodges. 2007. Pollinator shifts drive increasingly long nectar spurs in columbine flowers. *Nature* **447**: 706–709.

Yasukawa, S. *et al.* 1992. Reproductive and pollination biology of *Magnolia* and its allied genera (Magnoliaceae). I. Floral volatiles of several *Magnolia* and *Michelia* species and their roles in attracting insects. *Plant Species Biology* **7**: 121–140.

第2章　日本にもあった！　昆虫に擬態するラン
ボウランの化学擬態を発見するまで

新垣則雄 （沖縄県農業研究センター）
若村定男 （京都先端科学大学）

　われわれの研究仲間に，安田慶次さんという方がいる。彼にはたくさんの趣味があり，ラン栽培もそのひとつだ。洋ランの栽培が主だが，野生ランも栽培している。彼が，自宅の庭の一角に，3.5×4×2 m の小さなラン栽培小屋を建てた。風の影響を小さく抑えたり，ランを食害する昆虫の侵入を防ぐために，小屋の周辺は網戸ネットで囲ってある。

　その小屋の周囲を，毎年野生ランの1つであるボウランが開花する時期になると，図1に示したコガネムシ科のリュウキュウツヤハナムグリ *Protaetia pryeri pryeri* (Janson) （以下「ツヤハナ」と呼ぶことにしたい）の成虫が複数，大きな羽音を立てて頻繁に飛び回る。安田さんもわれわれもそのことを不思議に思っていて，もしかしたらツヤハナがボウランの花に誘引されているではないかと疑い始めた。それが，ここで紹介する一連の調査と実験を始めたきっかけだ。

1. ラン科植物は昆虫をだます

　全世界で約25万～30万種と推定される被子植物（顕花植物）の中でも，ラン科植物は群を抜いて種の多様性が高く，被子植物種の約1割を占める約2万4,000種にも達するといわれる。ラン科植物の多様性は，ランが特定の送粉者と関係を持つことで，種分化が促進されてきた結果と考えられている。

だましのテクニック

　ラン科植物では，花蜜や花粉などの報酬を提供せずに，特定の送粉者に“だまし送粉 deceit pollination”させる現象がよく見られ，ラン科植物種全体の約1/3は「だまし送粉」系であると推定されている （Cozzolino & Wildmer, 2005; Nilsson, 1992）。“だまし送粉”するランの中で，「餌的なだまし food deceit」が最も多い。これは報酬と引き換えに送粉をしてもらっている植物が送粉者を誘引する際に利用する信号（花の形態，蜜標，色，匂いなど）をランの花が模倣するというものだ（Jersáková *et al.*, 2006）。

その次に多いのが「性的なだまし sexual deceit」とされる。「性的なだまし」とは，雌成虫が交尾の際に雄成虫を誘引するために放出する性フェロモンに似た匂いを放出して雄成虫をだまして誘引し，さらに唇弁の形態を雌に似せることで視覚的にも雄成虫をだまし，雄成虫が唇弁に抱きついて交尾しようとする行動，すなわち「擬似交尾 pseudocopulation」の過程で花粉塊が受け渡されるというものである。

ヨーロッパや北アフリカなどに生息する *Ophrys* 属のランは，「性的なだまし」の事例としてよく紹介されている（Bergström, 1978）。*Ophrys* 属のランの花は主に単独性のハナバチ類やカリバチ類の雄によって送粉される。そ

BOX　　　　　　　　　　　　　　　　　　　　ランの花の構造

ランの花には特殊な構造がある。その構造と名称をボウランの花を例に紹介しよう。

花びら（花被片）

花びらは6枚あり（外花被片3枚，内花被片3枚），左右対称である。外花被片は淡黄緑色で，上側の1枚と左右下向きの2枚はやや形が異なり，前者を背萼片 dorsal sepal，後者を側萼片 lateral sepal と呼ぶ。

内花被片の下側1枚は他の花弁と比べて大きく形態的にも異なることが多く，唇弁 lip, labellum と呼ばれる。ボウランでも，下側1枚は他の花びらと比べてはるかに大きく楕円形で赤紫色を呈している。このように大きな唇弁は送粉者の着地点として利用されることが知られている。ボウランの唇弁の基部側方と前端の両側に小耳片と呼ばれる隆起がある。

その他の2枚の内花被片は同形で淡黄緑色，右上と左上方向に位置し，ラン科の花で花弁 petal と呼ぶときはこの2枚の内花被片を指す。

（画像内ラベル：萼片，ずい柱，花弁，花弁，萼片，萼片，唇弁）

図1 リュウキュウツヤハナムグリ成虫

の方法は，次のようなものだ。*Ophrys* 属の花は，未交尾の雌バチの性フェロモンに似た物質を放出して，雄バチを遠くから誘引する。花の唇弁の形態は雌バチの全体，あるいは腹部と極めて良く似ており，だまされた雄バチが

雄しべ・雌しべ（ずい柱）

　ラン科植物の花では，ほとんどの種で，雄しべと雌しべが合体してずい柱 column と呼ばれる棒状の突起物をつくっている。ずい柱の先端には葯帽 anther cap があり，その奥の葯室には花粉塊 pollinia が収納されている。柱頭 stigma はずい柱の下面にあるくぼみで，その表面は粘液で覆われている。ずい柱は効率よく送粉者に花粉を運んでもらい受粉できるように進化した器官と考えられている。

花粉塊

　ラン科植物では，花粉が集合して花粉塊を形成している。花粉塊は送粉者に一度にたくさんの花粉を運んでもらうため進化したと考えられている。ボウランでは葯室が 2 つに分かれていて，それぞれに 1 個ずつ計 2 個の花粉塊が入っている。花粉塊は柄 stipe を通して粘着体 viscidium とつながっている。ランの花では一般に，粘着体は葯帽のす

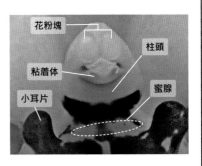

きまから "のれん" のように垂れ下がっている（図）。粘着体の外側には粘着性がなく，内側に粘着性があるため，送粉者が唇弁とずい柱のすきまに入る際には粘着体は付着しない。ところが，すきまから戻る際には，粘着体が送粉者の体に付着する。その結果，粘着体と柄とつながっている花粉塊が引き出され，送粉者に運ばれてゆくことになる。

まるで雌バナを相手にするように唇弁に対して交尾しようとする（「擬似交尾」）過程で，花粉塊が雄バチの頭，または腹部末端に付着する（Bergström, 1978）。花粉塊をつけた雄バチが飛び去り，また別の同種のランの花に同じようにだまされたなら，同様の仕組みで背中についている花粉塊が柱頭に渡されることになる。

「性的なだまし」の可能性があるランは

Endress（1994）は，① *Lepanthes* 属，② *Haraell* 属，③ *Luisia* 属の花の特殊な形態から「擬似交尾」を示す送粉者がいるのでは，と予測した。その後，中央アメリカに生息している① *Lepanthes* 属の種に「性的なだまし」があり，キノコバエの一種が唇弁に擬似交尾することが報告された（Blanco & Barboza, 2005）。Endress の予測が的を射ていたことが証明されたのだ。しかし，*Haraella* 属のランでは，今のところ「性的なだまし」の報告はない。

さて，③ *Luisia* 属は，熱帯アジア，インド亜大陸，中国，日本，マレーシア，オーストラリア，ポリネシアやミクロネシアに約 40 種が分布している（Seidenfaden, 1971）。

Pedersen ら（2013）は，東南アジアに分布しているこのグループの一種 *Luisia curtisii* Seidenfaden の訪花昆虫について研究し，ハムシ科のクビボソハムシの一種 *Lema unicolor* Clark とコガネムシ科のハナムグリの一種 *Clinteria ducalis* White の計 2 種がこのランの花を訪花すること，そして，花粉塊が体に付着していることを野外で数例確認している。彼らはこれら 2 種の甲虫がこのランの送粉者であろうと推察している。しかし，これら 2 種の甲虫によるランの花に対する擬似交尾行動は認められなかった。また，残念なことにこれらの甲虫の性は確認されていない。

ボウランは，徳島県を北限，和歌山県を東限とし，香川県を除く四国 3 県，九州，南西諸島にかけて分布し，主に樹木の幹や枝，まれに岩盤に着生する。葉は互生，その名前のように細長い棒状の形態をしている。開花期は 5 月から 9 月で，開花のピークは 6 月。学名は *Luisia teres*（Thunberg）という。③の *Luisia* 属で唯一，日本に分布する植物だ。もしかすると，ボウランは「性的なだまし」を行っているのではないか。

ボウランがツヤハナを引き寄せ，「性的なだまし」による送粉を行っていることを検証するには，何を調べればよいだろう。

2. ツヤハナだけが誘引されるのか？

どんな昆虫がやって来るのか

　「性的なだまし」を行っているとしたら，ボウランはツヤハナ雌成虫が雄成虫を誘引する性フェロモンと同じ物質を放出しているはずだ。これを確かめよう。

　まず，ボウランの花に誘引される昆虫種を調べることにした。ツヤハナ以外の昆虫も多く集まるのなら，ツヤハナだけを呼び寄せている可能性は低く，「性的なだまし」仮説を考え直す必要がある。2009年8月28日と29日に，沖縄県糸満市名城の防風林で，花をつけたボウランを訪れる昆虫種を調べた。

　ランの花はふつう，受粉したとたんに比較的短い時間で花の匂いが消失，または誘引しない成分に変化してしまうことが知られている（Schiestl & Ayasse, 2001）。当時，実験に使うことができるボウランは1株しかなく，しかもボウランの開花期の終わりに近い時期で，その株にたった4花しかなかった。1週間程度実験に使うためには，ボウラン花の受粉を妨げる必要がある。そこで，ボウラン株にネットをかぶせ，野外の木の枝に胸の高さあたりに取りつけて観察することにした。

　ボウラン株を木の枝に吊して間もなく，風下から大きな羽音を立てながら緑色の金属光沢を放つツヤハナが近づいてきた。そして花の周辺でホバリングした後，ネット上に次々と着地した（図2）。着地を確認した個体は手で捕らえ，持ち帰った。4花しかついてない株だったが，初日の午前10時から12時までのたった2時間で，合計53頭のツヤハナが捕獲できた。翌日も2時間で合計46頭のツヤハナがネットに着地した。驚くような強力な誘引力である。そして，ツヤハナ以外にはボウランに誘引されてくる昆虫種は認められなかった。

昆虫の生活史を考えて，雌の存在も確認する

　誘引されたツヤハナの性は，ランによる昆虫の誘引が餌的なものか性的なものかについて判断する重要な手がかりになる。ランを餌的なものとして利用しているのなら雌雄両方とも誘引され，性的なものであれば雄だけが誘引されるからだ。

図2　誘引実験
a: ネットをかぶせたボウランに向かって飛ぶツヤハナ雄成虫。**b**: 網の上にとどまるツヤハナ雄成虫。**c**: バナナトラップに集まったツヤハナ成虫。性比はほぼ1:1だった。

　しかし，コウチュウ目では，発生時期のはじめに雄成虫が先に出現する「雄性先熟」を示す種の存在が知られている。この場合，発生初期には雄だけが捕獲されることになり，本当は「まだ雌がいないから雄だけ見つかった」のに，「雄だけが誘引されてやって来た」と誤って解釈してしまう可能性がある。これを避けるためには，雌雄両方が調査場所にいたこと，あるいは飛来できる条件にあったことを，花による誘引以外の方法で確認しておく必要がある。

　ツヤハナの成虫は果実を好み，野外ではアコウやガジュマルなどの果実も食べていることが頻繁に目撃されている。グアバ，パパイア，アセロラなどの果実も食べるため，熱帯果樹の害虫でもある（東ら，1987）。不思議なことに樟脳の匂いにも誘引される（Arakaki *et al.*, 2009）。また，十分に熟したバナナには多くのハナムグリ種が誘引されることが知られている（酒井・藤岡，2007）。そこで，ボウランの誘引試験の直後，熟したバナナの皮をむいてネ

ツヤハナ成虫

図3　夜間の訪花昆虫を調べるトラップ
箱の中には複数の花をつけたボウラン株を入れてある。左側にトラップに侵入しようとしてホバリング中のリュウキュウツヤハナムグリ★ Protaetia pryeri pryeri ★雄成虫が見える。

ットに入れた，いわゆる"バナナトラップ"を4個，5mくらいの間隔で，ボウランを吊したのと同じ，胸の高さあたりになるよう木の枝に吊り下げた。そして4時間後にトラップに留まっている成虫（図2-c）を捕獲して持ち帰り，雌雄の比（性比）を調べた。

　まず，ツヤハナか他の種かを見極めてから性を区別した。ツヤハナは前脚の脛節の太さに違いがあり，雌が雄よりも太い（酒井・藤岡，2007）。違いがはっきりわかる個体もあるが，太さがやや中間的な個体もある。こうした，雌雄がわかりにくい個体は解剖で判定した。その結果，ボウランに誘引された99個体は，全てツヤハナの雄であることが判明した。一方，バナナトラップには2日間合計で136頭のツヤハナが捕獲されたが，そのうちの44％が雌個体と，性比はほぼ1：1だった。したがって，雌も雄も存在する野外で，ボウランはツヤハナの雄だけを誘引したということになる。ボウランはツヤハナ雌の性フェロモンのような匂いを出す，いわゆる「性的なだまし」で雄を誘引している可能性が高いと考えられる。

夜間の訪花昆虫も調べよう

　しかし，昆虫は夜間にも活動する。たとえば，夜間にランに訪花する送粉昆虫として，スズメガ科やヤガ科のガ類がよく知られている。このようなガ類に送粉されるランでは，ガ類のストロー状の口吻に対応して，唇弁の基部から突き出した細長い筒状の蜜腺（距）をつくることが知られている。また，暗い中でも目立つように白っぽい色の花が多い。

　ボウランの花には細長い蜜腺は見当たらないし，花は白っぽくない。ガ類などの夜間に活動する昆虫の中にボウランの送粉者がいる可能性は低いと考えられる。しかし，実際に夜間にこのことを確認しておく必要がある。そのために，2015 年の 6 月 29〜30 日の 2 昼夜にわたり，ダンボール箱（45×35×33 cm）で作ったトラップ（図3）3 個を浦添大公園に設置して，野外で誘引調査を行った。

　箱の中には誘引源としてネットをかぶせたボウラン株（10〜15 花つき）を入れた。箱の 4 方向に穴を開け，ネットでできた漏斗（入り口直径16 cm，出口直径 2 cm，高さ 17.5 cm）を差し込んであるので，どの方角から風が吹いてもどこかの穴から風が入り，ボウランの匂いを風下側の穴から出してくれる。また，漏斗は大きな口を箱の外側に，小さい口を内側に向けて差し込んでいるので，訪花昆虫が入りやすく，かつ出にくい，魚捕り用の"もんどり"というしかけと同じ役割を果たすことになる。実際にうまく捕獲されるかどうかを確認したところ，昼間には 2 日間で 3 個のトラップに合計 70 頭のツヤハナ雄が捕獲された。このためトラップの捕獲効率はまず申し分ないと考えられる。

　このトラップで行った夜間調査の結果，ツヤハナも他種も捕獲虫数はゼロであった。このことから，予想通り夜間にボウランの送粉者が存在する可能性は低いと考えられた。

3. ツヤハナは送粉者として機能しているか？

　「性的なだまし」であるかどうかを検証するには，ボウランがツヤハナを誘引していることだけでなく，ツヤハナがボウランの送粉者として実際に機能しているかどうかも確認したい。そのためには，ツヤハナがボウランから花粉塊を抜き出し，かつそれを別の花の柱頭に受け渡すことができるかを野外で確認する必要がある。2013 年 6 月 30 日に糸満市の防風林で複数の花をつけたボウラン 4 株を準備し，今回は網袋をかぶせずにツヤハナの行動を観察した。

行動観察

　ツヤハナ雄はボウラン株に風下側からジグザグ飛行で接近し，花の唇弁に着地した。そして唇弁を脚で抱え，頭部をずい柱と唇弁のすきまに挿入し，

約20秒間そのままの姿勢を維持していた（図4-a）。

　ツヤハナがすきまから頭を抜くと，その頭部の額には鮮やかなオレンジ色の花粉塊が2個並んで付着していた。（図4-c, d）。やがてそのツヤハナは別の花を訪れ，同じように唇弁を脚で抱え，頭部をずい柱と唇弁のすきまへ挿入し，しばらくそのまま留まっていた。ツヤハナが離れた後に，花を点検してみると，窪んだ柱頭に2個の花粉塊が受け渡されているのを確認することができた。しかし，これだけでは送粉者としての有効性が確実だということはできない。最終的にきちんと種子がつくられるかも確かめなければならない。受粉後の花の観察を続けた。

受粉後のボウラン

　粘液に覆われた窪み状の柱頭に花粉塊が受け取られる（図5-a）と，花粉塊は粘液によってふくらんで，受粉後わずか1日で柱頭部分を囲むような組織が形成される。すると花粉塊は柱頭の組織に取り込まれる（図5-b）。そして花柄のように見える子房 ovary（図5-c）がふくらんできて，種嚢 seed case が形成された（図5-d）。柱頭に花粉塊の受け渡しが確認できた5花の基部周辺にビニールテープでマークをつけ，網で覆って他昆虫の訪花を防いでおいたところ，2，3日で花弁はしおれ，その後やはり種嚢が形成された。一方，花粉の受け渡しのなかった花では種嚢は形成されなかった。また花に受粉させない場合は，花の寿命は約2〜3週間程度持続した。これらのことから，ツヤハナ雄成虫はボウランの有力な送粉者と考えられた。

決定的な証拠

　ツヤハナがボウラン花に着地してからの行動をデジカメの接写モードで撮影して画像を確認したところ，唇弁に抱きついている雄成虫の腹部末端から突き出る交尾器が写っていた。驚くべき決定的な映像だ。なんと，花に対して擬似交尾を示している！　いったんイメージができると，以降の観察では，他個体でもツヤハナ雄が唇弁に抱きつきながら交尾器を伸張させる行動が目視でも頻繁に観察できた（図4-b）。厚みのある唇弁の長楕円形な形態が鞘翅にやや似ていることから，ツヤハナ雄にはあたかも雌の腹部のように見えているのかもしれない。

図4　ボウランを訪花するリュウキュウツヤハナムグリ
a: 唇弁上で擬似交尾中の雄成虫。ずい柱と唇弁のすきまに頭部を深く差し込み，おそらくずい柱基部から分泌される花蜜をなめている。**b**: 唇弁に擬似交尾する雄成虫。交尾器を突き出している，**c・d**: 雄成虫の額に花粉塊が付着している。

4. ボウランは匂いでツヤハナを誘引しているのか？

　ボウランの花には独特の匂いがある。職場の女性にボウラン花の匂いを嗅いでもらったところ，「うーん，洗ってない子供の靴下のような匂いかなぁ……」という感想であった。「花の香り」という言葉から連想されるような「いい匂い」ではない。はっきり「悪臭」と表記している図鑑（牧野, 2000）すらある。「子供の」という形容詞は，強烈過ぎない程度の匂いということを表現しているのだろう。「ボウランは花の匂いでツヤハナ雄を誘引している」という仮説を，野外の誘引試験で検証することにした。

視覚か，においか

　最初に，花のついているボウラン株と花のない株とでツヤハナの誘引を比較した。この結果，花のついているボウラン株には多数のツヤハナ雄が誘引

図5　受粉後のボウラン

a: 柱頭に受け渡された花粉塊（受粉）。**b**: 受粉から1日経過後，柱頭部分を囲むような組織が形成され，花粉塊は柱頭の組織に取り込まれる。**c**: 花柄のように見える子房（受粉当日）。**d**: 子房が膨らみ種嚢を形成（受粉後8日経過）

されたが，花のないボウラン株にはまったく誘引されなかった。このことはツヤハナ雄の誘引にボウランの花の存在が関係していることを示している。

　次に，花のついているボウラン株を黒色遮光ネットで包み，外から見えないようにしてみた。こうして視覚を遮断しても，多くのツヤハナ雄が誘引された。同じように黒色遮光ネットで包んだ花のないボウラン株には，まったく誘引されなかった。これは，ツヤハナの誘引には視覚よりも花の匂いが大事であること示す結果だ。

匂いだけで誘引できるか

　最後に，ツヤハナは花の匂いで誘引されるという仮説の決定的な証拠を得るために，ボウラン花を密封容器に4個入れ，ジエチルエーテル（以下，エ

ーテルと表記）という有機溶媒で花の抽出液を作った。この抽出液を黒布で
おおった綿球に含ませて，ツヤハナを誘引するかどうかを調べるのだ。

　花の抽出液を処理した綿球を，通常はツヤハナが訪れることのないホウビ
カンジュというシダ植物の葉に取りつけたところ，これらの綿球に複数のツ
ヤハナ雄が誘引された（図6，図7）。ツヤハナの雄の多くは，まず綿球から
10〜15 cm 離れたところの植物体に着地し，その後歩いて綿球に乗った。少
数ではあったが，直接綿球に着地するものも認められた。綿球の形は，ボウ
ランの花とはずいぶん異なる。したがってツヤハナ雄は視覚よりもボウラン
の花から放出される匂いを探索の主要な手がかりにしていると考えられた。

どの部位から誘引物質が放出されているか？

　ここで，はたしてボウランの花のどの部位からツヤハナを誘引する匂いが
放出されているのだろうという疑問が生まれた。ボウランの花から唇弁を切
り取ると，唇弁からは相変わらず「洗ってない子供の靴下」のようなかすか
な臭いがする。が，花の残りのパーツからはその臭いはないので，この臭い
は唇弁から放出されていると考えられる。この臭いがツヤハナ雄の誘引と関
係しているのだろうか？

　そこで，ボウランの花を萼片，唇弁，花弁に切り分け，それぞれの抽出液
を作って野外で誘引試験をした。その結果，花弁の抽出液にだけに多数のツ
ヤハナが誘引された（図8）。唇弁から放出される「洗ってない子供の靴下」
のような臭いは誘引とは無関係だったのである。花弁をあらためて嗅いでみ
ると，ごくかすかな，フローラルな"いい匂い"を感じた。萼片は全く匂わ
なかった。一般にヒトの嗅覚には，微量でも感知しやすい匂い物質と，逆に
多量に放出されていても感知しにくい匂い物質があるらしい。そうすると唇
弁の匂いはヒトに感知されやすく，花弁の匂いは感知しにくいのだろう。逆
に，ヒトには感知しにくい花弁の匂いにツヤハナ雄は強烈に反応し，誘引さ
れると考えられる。

報酬も与えている！

　ボウラン花に着地したツヤハナの雄では，ブラシ状の剛毛が生えた口器を
頻繁に突き出す行動が観察された。また，頭部をずい柱と唇弁のすきまに差
し入れ，一定の時間過ごすことから，報酬として蜜を受け取っていると思わ

れた。しかし，ボウランの花を観察しても，どこにも蜜らしき液状物質は見当たらない。

　ところが，意外なことが新しい発見につながった。花の匂い成分の分析のために花を部位ごとに切り分ける作業中に，ずい柱の基部にそれまでなかったはずの液状物質がわずかながら観察されたのだ。再度試みても同じ現象が起こった。報酬を提供するランの花では，ずい柱基部に蜜腺をもつ種が多数知られている（Stpiczyńeska *et al.*, 2003）。そこで顕微鏡を用いてずい柱の基部を観察してみたが，ずい柱基部に液状物質は確認されなかった（図9-a）。ところが，ピンセットの先端でその一部分を軽くつついて刺激してみると，帯状に液状物質がしみ出てきた（図9-b）。そこでガラス製の毛細管（キャピラリー）を用いて出てきた液を集め，高速液体クロマトグラフィー（HPLC）という手法で分析したところ，糖類（フルクトース，グルコース，スクロースなど）が検出された。滲出液中の３種の糖の合計濃度は2〜5%であった。このことから，唇弁に抱きついた雄はずい柱下部に頭を挿入してブラシ状口器で基部を刺激することにより，しみ出る糖分（花蜜）をなめていると推測された。ボウランにとっては，ツヤハナを一定時間引きとどめることにより，花粉塊の受け渡しを確実にするという意味があると考えられる。

世界でもまれな発見

　一般に「だまし」によって送粉してもらっているランの花は，蜜などの報酬を送粉者に与えない。ボウランが雄だけを誘引することから「性的だまし」であることは明白だが，唇弁に抱きついたツヤハナ雄がずい柱基部を刺激してしみ出る花蜜をなめとっているとすれば，それは報酬を受け取っていることになる。ボウランは「性的なだまし」に加え，唇弁に抱きついた雄の額部を確実にずい柱に導き，一定時間留める花蜜という報酬の両方をセットにして効果的な送粉をさせる戦略をもっていると考えられる。

　このように「性的なだまし」と報酬の両方をセットにして送粉者に送粉をさせている事例は世界的にも極めてまれである。しかし，文献を調べてみると，似たような事例が１つだけ報告されていた。オーストラリアに生息するランの一種 *Diuris pedunculata* R. Br. はコハナバチ科 Halictidae の *Halictus lanuginosus* Smith の雄バチだけを性的に誘引し，さらに報酬として蜜も提供している（Coleman, 1932）。Ames（1937）や Meeuse（1937）は，「性的だ

図6　ボウラン花のエーテル抽出液を処理した綿球(黒い布で被覆)に乗ったツヤハナ雄

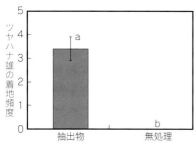

図7　ボウラン花のエーテル抽出物によるツヤハナ雄の誘引
数値は2時間当たりの着地数(平均値± SE, N = 5)

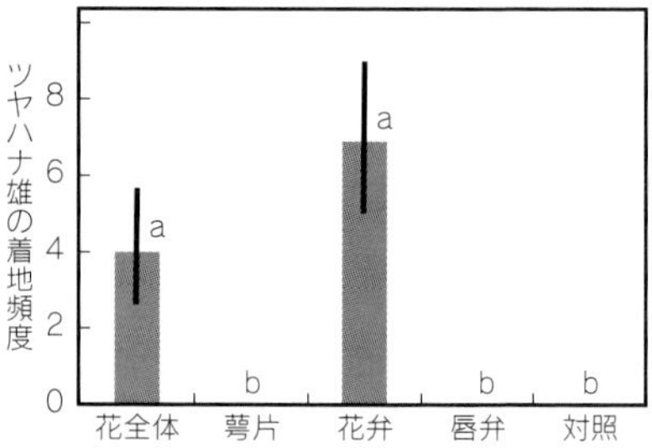

図8　ボウラン花のエーテル抽出物によるツヤハナ雄の着地数
数値は1時間当たりの平均着地数(平均値± SE, N = 6)

まし」をするランについて,送粉者はもともとはラン花から餌による報酬を受けていただろうと推測している。またKullenberg と Bergström (1976) は,ラン花が報酬をなくし,唇弁に昆虫の雌に似せた形態を獲得する以前から,花には送粉者を誘引する匂いが存在していただろうと考えている。Jersáková ら (2006) はこの事例,すなわち「性的だまし」と「報酬提供」の両方を併せ持っているということは,進化的な移行期にあるのではないかと推測している。

5. ツヤハナ雄の誘引物質の正体をつきとめる

野外での実験と観察から,ボウランがツヤハナ雄を誘引する物質を放出し送粉者として利用していること,これまでに発見されている「性的なだまし」ではまれな報酬も提供していることが明らかにできた。しかし,われわれにはもうひとつ,やっておきたいことがあった。それは,ボウランによるツヤハナ雌の化学擬態の物質的な証明である。それには,①ボウランの誘引物質

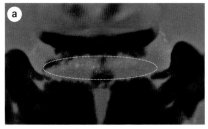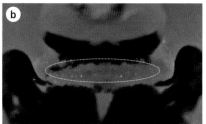

図9　唇弁とずい柱の基部における物理的刺激による花蜜の分泌
a: 刺激前，**b**: 刺激後

を分離して化学構造を明らかにすること，②その物質を化学合成して，花から分離した物質と同じ誘引性を確認すること，③ツヤハナ雌の分泌物中に同じ物質が存在しているのを確認すること，の３つが必須条件となる。これらが確認できれば，「ボウランはツヤハナ雌と同じ物質で雄を誘引している」，すなわち化学擬態を証明できたことになる。

未知の匂い物質が見つかった

ツヤハナ雄を誘引する物質は花弁に含まれていることがわかったので，花弁をジエチルエーテルで抽出したものを，シリカゲルによるカラムクロマトグラフィー法という方法で大まかに６つのフラクションに分けた。これらのフラクションに対するツヤハナ雄の反応を観察する野外実験を行って，誘引性がある物質を含むフラクションを２つに絞り込んだ。この２つには共通する成分が含まれていた。しかも，幸運なことに，一方はほぼ純粋な状態だった。ガスクロマトグラフィー／質量分析法（GC/MS）とNMR（核磁気共鳴）という分析方法により，このフラクションに含まれる物質はイソ吉草酸2,3-ジヒドロキシプロピル2,3-dihydroxypropyl isovalerate（以下2,3-DHPiV）と決定することができた（BOX参照）。

2,3-DHPiVはグリセロールとイソ吉草酸というごくありふれた物質のエステル（酸とアルコールが縮合して生成する化合物群のこと。花や果物の香りなど，自然界に多種類ある）であるにもかかわらず，花の匂い物質リスト（Kundsen *et al.*, 2006）にも記載がなく，またPherobaseという，昆虫のフェロモンなどの行動制御物質のデータベースにも見当たらない。花の香り物質としても，昆虫フェロモンとしても，新しく発見された物質だということ

だ。物質としては，1931年にアメリカ，2013年にカザフスタンで合成したという報告があるが，生物学的な情報はほとんどない。

　この物質は，花や香りの成分として「一般的なエステル結合をもつ脂肪酸」という常識的な概念や分析法にとらわれていれば，決して見つけることはできなかっただろう。実際，合成した2,3-DHPiVに鼻を近づけてみてもかすかに匂うだけで，ヒトの嗅覚では無臭に近い物質だった。花の匂いとしても注目されたことのない，意外な未知物質だったのだ。

　しかし，物質の構造決定にはまだ先があった。

立体異性体の合成と誘引物質の同定

　分子式は同じだが構造の異なる物質どうしを「異性体」という。グリセロ

BOX　　　　　ボウランの誘引物質の抽出と構造決定

　ボウラン花の抽出物にはさまざまな物質が含まれていた。そのうちのどれが誘引物質かを突き止めるためには、まずできるだけ純粋にしてから機器分析をしなければならない。その方法のあらましを紹介しよう。

カラムクロマトグラフィー
　シリカゲルを詰めたガラス管に抽出物を入れる。次に、適切な溶媒を流していくと、成分はカラムを流れていく間に分離されていく。右図のようにカラムからの流出物を順に別々の容器に取り分けると、成分を分離することができる。取り分けたものをフラクションという。
生物実験
　分けただけでは、どのフラクションに誘引物質が含まれているかわからない。野外でフラクションをそれぞれ綿球に含ませてツヤハナの行動を観察したところ、4番目と5番目のフラクションに誘引物質が含まれていることがわかった。
ガスクロマトグラフ・質量分析装置（GC/MS）
　匂い物質の分析には、GC/MSが多用される。ナノグラム (10^{-9}g) レベルの混合物でも、GCで1つずつの成分に分けてMSに導入することによって、成分の種類と量を短時間で測定することができる。
　フラクション4と5をそれぞれGC/MS分析したところ、両者に共通する成分があり、フラクション5はほぼ純粋であった。それはエステルらしいこと、花香成分として一般的な物質ではないらしいこと、さらに分子量の決定が困難な物質であることがわかった。

ールにもイソ吉草酸にも立体異性体は存在しない。ところが，グリセロール
の3個の炭素原子に結合しているヒドロキシ基（水酸基）のうち，どちらか
一方の端のヒドロキシ基にだけイソ吉草酸がエステル結合するとグリセロー
ルの中央の炭素原子に非対称性（不斉）が生じる。すなわち，2,3-DHPiV に
は，ひと組の鏡像異性体（エナンチオマー）が存在する（図10）。ボウラン
の2,3-DHPiV はそのどちらなのか，それとも両者が混在するのかを突き止
めなければならない。鏡像異性体の不斉炭素（図10で＊をつけた原子）には，
4種類の異なる原子または原子団が結合している。それらの原子や原子団に
は一定の規則に従って順位づけられ，その順位に従って (R)- 体と (S)- 体に
区別される。グリセロールとイソ吉草酸を通常の条件で化学反応させると
(R)- 体と (S)- 体が1：1の混合物として生じる。これをラセミ混合物という。

核磁気共鳴装置（NMR）

　NMR を使えば，炭素原子と水素原子の種類や数，結合の状態や順序までわかる。すなわち，有機化合物の構造決定に，決定的なデータを得ることができる。しかし，測定には純粋な状態で通常1mg 以上が必要とされる。この量は，GC/MS 分析に必要な量のおおよそ10万倍に相当する。

　フラクション5中の未知物質は通常必要量の10分の1であったが，特殊な方法で測定し，次の化学構造にたどり着いた。

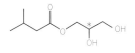

イソ吉草酸 2,3- ジヒドロキシプロピル
(2,3-DHPiV)

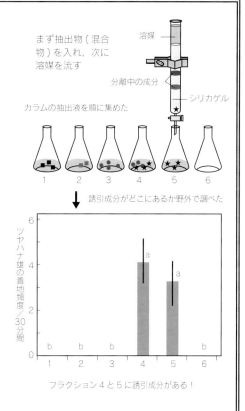

まず抽出物（混合物）を入れ，次に溶媒を流す

溶媒

分離中の成分

シリカゲル

カラムの抽出液を順に集めた

1　2　3　4　5　6

↓　誘引成分がどこにあるか野外で調べた

フラクション4と5に誘引成分がある！

図10　2,3-DHPiV の分子模型
＊をつけた炭素原子の 4 つの結合手にはそれぞれ異なる原子または原子団が結合している。結合の順序が異なる (R)- 体と (S)- 体は右手と左手のように立体的に重なり合わない。
●：炭素原子，●：水素原子，●：酸素原子。

生物が生産する物質は通常，(R)- 体か (S)- 体のどちらか一方に限られる。そこで，純粋な (R)- 体と (S)- 体をあらかじめ不斉炭素をもつ物質から特殊な方法で別々に合成した。合成した (R)- 体と (S)- 体をボウラン抽出物と比較分析したところ，誘引物質と見込まれる成分は，ひと組の鏡像異性体のうちの (R)- 体に一致し，(S)- 体とは一致しなかった。したがって，その化学構造は (R)-2,3-DHPiV（図 10）と決定できたことになる（Wakamura *et al.*, 2020）。

　しかし，この段階では誘引活性があるフラクション中の主成分が合成した (R)-2,3-DHPiV と化学的に同定しただけで，この物質がツヤハナに対する誘引物質であることの証明にまでは達していない。分析対象にしなかった他の少量成分が誘引活性成分本体である可能性を排除できていないからである。活性物質本体であることの証明には，ツヤハナ雄がボウラン抽出物中の含有量と同じ量で同程度の反応を合成化合物に対しても示すことを確かめることが必須であった。

合成 2,3-DHPiV の誘引性

　合成した (R)- 体，(S)- 体，ラセミ混合物（(R)- 体と (S)- 体の等量混合物）のツヤハナに対する誘引実験を，浦添大公園で 2017 年 6 月 24〜25 日に行った。合成物はそれぞれ 20 μg，ラセミ混合物の場合は (R)- 体または (S)- 体の量が単独の場合と同じになるよう 2 倍量含ませた綿球を，例によってシダ植物（ボウビカンジュ）の葉面に取りつけた。本来，ボウビカンジュにツ

図11　合成 2,3-DHPiV に誘引されたツヤハナ雄

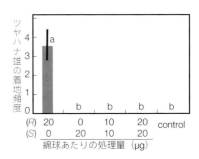

図12　合成 2,3-DHPiV の (R)- 体，(S)- 体，ラセミ混合物によるツヤハナ誘引
2 時間当たりの平均着地数（平均 ± SE, N = 8）

ヤハナは来ないので，これらにツヤハナがやってくれば，植物にではなく合成物に引きつけられたということになる。

　綿球に着地する個体と付近に着地して綿球に至る個体を"着地"個体としてカウントしたところ，(R)- 体にだけ着地するもの（図11）が認められ，(S)- 体やラセミ混合物に着地するものはなかった（図12）。この結果から，(R)- 体が誘引物質であることが確認できた。ラセミ混合物はその半量が (R)- 体であるにもかかわらず着地が認められなかったことから，(S)- 体は (R)- 体の誘引性を阻害することも明らかになった。

　このことから，ツヤハナは (R)- 体と (S)- 体の両方を感じ取っていることが示唆される。なお，着地したツヤハナのうちから任意に採集した 60 個体はすべて雄であった。このことは，ボウランが「性的だまし」をしているという仮説を強く支持している。

　次に，(S)- 体の混合比が誘引性に及ぼす影響について，同様の誘引実験を 2018 年 7 月 13〜15 日に行った。(R)- 体と (S)- 体の混合比を 20 : 0〜10 : 10 の間で変え，接近してホバリングした個体（その後着地したものを含む）も合わせてカウントしてみたところ，ホバリングと着地するものは 20 : 0 と 19 : 1 で多く，(S)- 体の割合が増すにしたがって減少し，ラセミ混合物（10 : 10）ではゼロになった（図13）。この実験で (S)- 体に阻害活性があることが再確認できた。

　(R)-2,3-DHPiV がボウランの誘引物質の主成分であることを確認するために，合成物の誘引性をボウラン花全体の抽出物，花弁の抽出物と比較する実

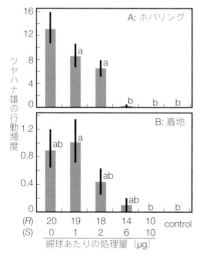

図 13　合成 2,3-DHPiV の誘引性に及ぼす (S)- 体の影響

上：ホバリング，下：着地。数値は 2 時間当たりの頻度（平均値 ± SE, N = 16）。

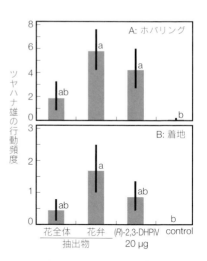

図 14　合成 2,3-DHPiV とボウラン花弁の誘引性の比較

上：ホバリング，下：着地。数値は 1 時間当たりの頻度（平均値 ± SE, N = 8）

験を，2019 年 6 月 27 日に行った。合成 (R)- 体は 20 μg，花全体，花弁抽出物は (R)-2,3-DHPiV を同量含むと見込まれる 4 花分を綿球に含ませた。ホバリングと着地の頻度は 3 者間に有意差は認められなかったが，花弁抽出物へのホバリングと着地の頻度はともに最も高く，花全体の抽出物への頻度は少なかった（図 14）。この傾向は，花の部位ごとの抽出物の誘引性比較の場合（図 8）にもうかがえる。また，花弁抽出物へのホバリングや着地の頻度は，合成 (R)- 体の場合よりやや高い傾向がうかがえる。花弁以外の部位にツヤハナの誘引を抑制する因子，花弁には (R)-2,3-DHPiV の誘引性を高めるような因子が存在するのかもしれない。

　以上の結果から，ボウランは (R)-2,3-DHPiV を花弁から分泌し，ツヤハナの雄は (R)-2,3-DHPiV に誘引されることがはっきりした。

ツヤハナの雌は 2,3-DHPiV を分泌しているか

　最後に確認しなければならないのは，ツヤハナの雌が (R)-2,3-DHPiV を分泌しているかどうかだ。これを確かめることができれば，ボウランの "性的なだまし" の直接証明になる。未交尾のツヤハナ雌の分泌物から 2,3-

DHPiV を検出できるだろうか。

　未交尾の雌の確保には，幼虫から飼育することが確実だ。2016 年 7 月沖縄県南城市の大里城址公園で，バナナトラップを木の枝に吊し，これに集まるツヤハナを集めた。集めた成虫は雌 18 頭と雄 15 頭で，これらを湿った腐植を深さ 10 cm まで詰めたプラスチックのコンテナに入れ，昆虫ゼリーを与え，交尾と産卵ができるようにしておいた。約 1 か月後，腐植層から約 200 頭の幼虫を取り出し，1 個体ずつプラスチックカップに移し，腐植土を詰めて成虫化まで保管した。羽化した雌成虫は 1 頭ずつプラスチックカップに入れた。

　未交尾の雌成虫は，1 頭ずつステンレス製の網かごに入れ，さらに 300 ml のガラスビーカーに入れ上部をアルミホイルで閉じた（図 15）。この状態で，雌が腹部を高く持ち上げて性フェロモンを放出しているとみられる行動（図 16）が高頻度で観察される時間，すなわち 11：00 から 16：00 まで置いた。終了後，アルミホイルと雌成虫を網かごごと取り除き，ビーカーをエーテル約 5 ml で抽出した。昆虫はビーカーのガラス壁に直接接触できない状態だったので，ビーカー抽出物に含まれる物質は，昆虫から空気中に放出され，空気中を拡散し，ガラス壁に吸着された物質とみなすことができる。のべ 109 頭の雌から抽出物を得た。またそれとは別にのべ 60 頭の雄から同様に抽出物を得た。

　雌雄のビーカー抽出物を濃縮し分析したところ，雌の抽出物から 2,3-DHPiV が検出された。雄の抽出物中には検出されなかったので，2,3-DHPiV は雌特有の分泌物であるといえる。抽出量が少なかったため，2,3-DHPiV が (R)- 体であるかそれとも (S)- 体であるかを機器分析で決定することができなかったのは残念だったが，雄が (R)- 体に誘引される（図 12〜14）ことを考え合わせると，ツヤハナの雌が (R)-2,3-DHPiV を性誘引フェロモンとして分泌していることは確実と考えられる。その結果，ボウランの花はツヤハナの雌が分泌する性誘引フェロモンと同じ匂い物質を放出してツヤハナ雄を誘引，すなわち化学擬態していることが，物質レベルでも証明されたことになる。

おわりに

　系統的につながりのないラン科植物の属が世界のいくつかの大陸で独自に

図15　ツヤハナ雌の誘引物質を採集
ツヤハナをビーカーに直接接触させない
よう網かごに入れて，空気中に放出した
物質をビーカーのガラス壁に吸着させる

図16　コーリング中のツヤハナ雌

「性的だまし」を進化させたとされる（Bohman *et al.*, 2016; Gaskett, 2011）。
これまで報告されている「擬似交尾」を伴う「性的だまし」によるランの送
粉の事例はその多くがハチ目の昆虫だが，今回のボウランの場合はリュウキ
ュウツヤハナムグリという大型の甲虫である点が特異的だ。Endress（1994）
は *Luisia* 属のランには花の特異な形態から「擬似交尾」を示す送粉者がい
るのではないかと予測した。今回，実際にボウランでツヤハナが「擬似交尾」
を示す送粉者として機能しているというわれわれの発見により，23年後に
彼の先見性が証明されたことになる。また，アジア地域からは「擬似交尾」
を伴う「性的だまし」によるランの送粉は初めての発見である（Arakaki *et
al.*, 2016）。ボウランが「性的だまし」によるツヤハナ雄による送粉をどの
ような進化的過程を経て獲得したのかたいへん興味がもたれるところだ。今
後の研究の進展が楽しみである。

謝辞

　本稿の元にした原著論文は，第1報が沖縄県森林資源センターの安田
慶次，当時京都学園大学（現 京都先端科学大学）の学生だった金山祥子・
實野早紀子・大池昌裕，第2報は学生だった金山・大池に加え森山太介・木
村杏那・和島沙季，農業・食品産業技術総合研究機構の小野裕嗣・安居拓恵
諸氏との共同研究である。野外調査や化学分析，化学合成への多大な貢献に

深謝する。

引用文献

Ames, O. 1937. Pollination of orchids through pseudocopulation. *Botanical Museum Leaflets* **5**: 1-28.

Arakaki, N. *et al.* 2009. Camphor: An attractant for the cupreous polished chafer, *Protaetia pryeri pryeri* (Jansen) (Coleoptera: Scarabaeidae). *Applied Entomology and Zoology* 44:621-625.

Arakaki, N. *et al.* 2016. Attraction of males of the cupreous polished chafer *Protaetia pryeri pryeri* (Coleoptera: Scarabaeidae) for pollination by an epiphytic orchid *Luisia teres* (Asparagales: Orchidaceae). *Applied Entomology and Zoology* **51**: 241-246.

東清二ら. 1987. 沖縄昆虫野外観察図鑑 第2巻甲虫目（コウチュウ目）. 252 pp. 沖縄出版, 沖縄.

Blanco, M. A. & G. Barboza. 2005. Psudocopulatory pollination in *Lepanthes* (Orchidaceae: Pleurothallinae) by fungus gnats. *Annals of Botany* **95**: 763-772.

Bergström, G. 1978. Role of volatile chemicals in *Ophrys*-pollinator interactions. *In*: Harborne, J. B. (ed), Biochemical aspects of plant and animal coevolution, p. 207-231. Annual Proceeding of the Phytochemical Society of Europe, Academic Press, London.

Bohman, B. *et al.* 2016. Pollination by sexual deception – It takes chemistry to work. *Current Opinion in Plant Biology* **32**: 37-46.

Coleman, E. 1932. Pollinations of *Diuris pedunculata* R. Br. *Victorian Naturalist* **49**: 179-186.

Cozzolino, S.& A. Wildmer. 2005. Orchid diversity: an evolutionary consequence of deception? *Trends in Ecology & Evolution* **20**: 487-494.

Endress, P. K. 1994. Diversity and evolutionary biology of tropical flowers. 551 pp. Cambridge University Press, London.

Gaskett, A. C. 2011. Orchid pollination by sexual deception: pollinator perspectives. *Biological Reviews* **86**: 33-75.

Jersáková, J. *et al.* 2006. Mechanisms and evolution of deceptive pollination in orchids. *Biological Reviews* **81**: 219-235.

Knudsen, J. T. *et al.* 2006. Diversity and distribution of floral scent. *The Botanical Review* **72**(1): 1-120.

Kullenberg, B. & G. Bergstöm. 1976. Hymenoptera *Aculeata* males as pollinators of Ophirys orchids. *Zoologica Scripta* **5**: 13-23.

牧野富太郎. 2000. 新訂牧野新日本植物図鑑. 1452 pp. 北隆館, 東京.

Meeuse, A. D. J. 1973. Co-evolution of plant hosts and their parasites as a taxonomic tool *In*: Heywood, V. H. (ed), Taxonomy and Ecology. p. 289-316. Academic Press,

London.

Nillson, L. 1992. Orchid pollination biology. *Trends in Ecology & Evolution* **7**: 255-259.

Pedersen, H. Æ. *et al.* 2013. Pollination biology of *Luisia curtisii* (Orchidaceae): indications of a deceptive system operated by beetles. *Plant Systematics and Evolution* **299**: 177-185.

酒井香・藤岡昌介. 2007. 日本産コガネムシ上科図説 第2巻 食草群 I. 173 p. 昆虫文献六本脚, 東京.

Schiestl, F. P. & M. Ayasse. 2001. Post-pollination emission of a repellent compound in a sexually deceptive orchid: a new mechanism for maximizing reproductive success? *Oecologia* **126**: 531-534.

Seidenfaden, G. 1971. Notes on the genus *Luisia*. *Dansk Botanisk Arkiv* **27**: 1-101.

Stpiczyńeska, M. *et al.* 2003. Nectary structure and nectar secretion in *Maxillaria coccinea* (Jacq.) L. O. Williams ex Hodge (Orchidaceae). *Annals of Botany* **93**: 87-95.

Wakamura, S. *et al.* 2020. Does the orchid *Luisia teres* attract its male chafer pollinators (Scarabaeidae: *Protaetia pryeri pryeri*) by sexual deception? *Chemoecology* **30**: 49-57. DOI 10.1007/s00049-019-00297-x

第3章　　山の中に待ち受ける「わな」
テンナンショウ属の多様な送粉様式の謎

奥山雄大（国立科学博物館）
柿嶋聡（国立科学博物館）

> ——いろいろ注文が多くてうるさかったでしょう。お気の毒でした。
> もうこれだけです。どうかからだ中に，壺の中の塩をたくさんよ
> くもみ込んでください。　　　　　　（宮沢賢治「注文の多い料理店」）

　花と送粉者の関係は，植物と昆虫が互いに（結果として）利益を得る，「う
るわしき」共生関係の典型と捉えられることが多い。しかし実際には，花と
送粉者それぞれの著しい多様性を反映してその関係は多様であり，必ずしも
両者が利益を得る関係ばかりではないことはよく知られたことである。そし
て数ある送粉様式の中でも，テンナンショウの仲間の送粉様式ほど「えげつ
ない」ものは他にないだろう。

1. えげつない送粉様式とは

　サトイモ科テンナンショウ属は日本に64分類群（亜種・変種含む）が知
られる多年草の一群で（邑田，2018），そのほとんどが日本固有種である。
そのため私たちは日本列島を舞台として顕著な多様化を遂げたグループとし
てテンナンショウ属に注目している。さてそのテンナンショウの仲間の送粉
様式であるが，典型的なものは古くから知られており（Knuth, 1904; Barnes,
1935），以下のような仕組みである。

　まずテンナンショウ属の「花[*]」は肉穂花序とその周囲を取り囲む仏炎苞
から成り立っている（図1）。仏炎苞は上部が開口しており，送粉者はここ
から入る。仏炎苞の内壁は昆虫が脚で取りつけない，滑る構造になっている

＊：ここではテンナンショウ属の仏炎苞を含めた花序構造を便宜的に花と呼ぶことにする。

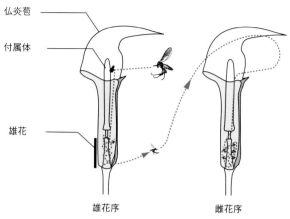

図1　テンナンショウ属の花の構造と送粉様式の模式図

仏炎苞

付属体

雄花

雄花序　　　　雌花序

らしく，上部から侵入した送粉者はそこに落下し（あるいは肉穂花序伝いに歩いて底に移動し），這い上がることはできない。さらに，肉穂花序の上部にある付属体はねずみ返しのような構造になっており（特に日本産種の大部分を占めるマムシグサ節でこの形質が顕著である），強固に送粉者の脱出を妨げている。

　さて，送粉者が侵入した花が雄株*であった場合，花の底には雄花から放出された花粉が積もっており，這い出そうとした送粉者の全身に花粉がまぶされることになる。この送粉者にとっての救いは仏炎苞の継ぎ目に当たる部分に小さく空いているスリット状の穴の存在である。最終的にここから送粉者は脱出でき，テンナンショウの雄株はまんまと多量の花粉を強制的に運び出させることに成功するのだ。

　雄株からなんとか脱出できたこの送粉者だが，再びテンナンショウの花に入ってしまい，しかも不運なことにそれが雌株であった場合（多くのテンナンショウ属の集団で雌株は雄株より少数派である），結末は悲惨である。雄株のときと同様，花の上部から侵入した送粉者は這い上がることができず，花の底に落ちることになる。さてここでテンナンショウの立場になって少し考えていただきたいのだが，雄株と違い，雌株にとっては多量の花粉を体表につけてやってきた送粉者をみすみす脱出させる利点は一切ないとわかるだろう。然してこのテンナンショウ雌株の花の底には雄株のような穴はなく，

＊：テンナンショウ属の個体は遺伝的には両性であるが，栄養状態によって開花期の性が決定するため，機能的には雌雄異株といえる。

図2　日本産テンナンショウ属各種の花と送粉者
　a: ユキモチソウ。**b**: マムシグサ。**c**: ホロテンナンショウ。**d**: ユキモチソウの雌花に閉じ込められたショウジョウバエ類。**e**: ホロテンナンショウの雄花に閉じ込められたクロバネキノコバエの一種 *Leptosciarella* sp.

「花粉を運んでくれた」送粉者は，そこで一生を終えることになるのだ。この際，脱出しようともがく送粉者が花の下部に多数ある雌花に接触することで体表の花粉が柱頭に付着し，見事受粉が達成される。

　冒頭で引用した宮沢賢治の有名な童話「注文の多い料理店」では，2人の紳士は「山猫」たちが待つ部屋までの廊下でクリームや塩を全身に塗るように「注文」され，あわやというところで逃げおおせるわけだが，これは奇しくもテンナンショウの花と送粉者の関係の秀逸なたとえ話のようで味わい深い。

2. ユキモチソウはきのこに擬態している？

　さて，このようにテンナンショウの仲間の送粉様式は他に類を見ない独特なものでたいへん興味深くはあるのだが，上記のしくみ自体は有名であったがゆえに，近年まで著者の1人である奥山は特にそこに新たな研究テーマを見出せずにいた。それが一転，興味を持つようになったのは，筑波実験植物園で栽培していたユキモチソウ（図2-a）の実生のひと株がある年開花したことがきっかけだった。別に初めて見る花というわけではなかったが，あらためて花をじっくり観察し，そして香りを嗅いでみて，「これは間違いなくきのこに擬態している」と確信したのだった。特にこのとき初めて認識した花の香りは非常に強く，典型的なきのこのそれそっくりであったのだ。

　実のところ，テンナンショウ属の送粉者は多くの場合キノコバエの仲間だと知られており，したがってこれまでも，テンナンショウ属の花はきのこに擬態していると言われていることは知っていた（Vogel, 1978）。しかしここに至って，この従来の仮説に大きな違和感を持った。なぜなら，テンナンショウ属はおしなべてきのこ擬態だと言われている割に，姿かたちも，香りもきのこにそっくりというのはユキモチソウ以外に見当たらないようだからである。そこで，明らかにきのこに擬態していると思われるユキモチソウの花とそれ以外のテンナンショウ属の花では何が違うのか，またユキモチソウがきのこに擬態しているとしてその送粉者は何なのかを調べてみることにした。

きのこの香りを放つのはユキモチソウだけ！

　こうして私たちは2016年から毎年，ユキモチソウのきのこ擬態の実態を

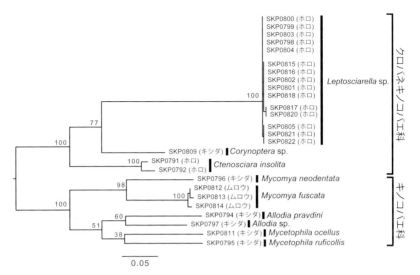

図3　テンナンショウ属植物を訪れたハエ目昆虫の系統樹 (Kakishima *et al.* 2020 より改変)
奈良県のホロテンナンショウ自生地に生育するテンナンショウ属3種の花から採取されたハエ目訪花昆虫26個体の,ミトコンドリアDNAシトクロムcオキシダーゼサブユニットI遺伝子塩基配列617bpに基づく最尤系統樹を作成した。それぞれのOTU番号に続く（　）は昆虫個体が得られたテンナンショウ属の種を示す。右側に示した学名は形態による昆虫の同定結果

解明すべく,本種が多産する高知県東部の自生地において送粉様式の調査を続けている。ここには同じテンナンショウ属のマムシグサ（図2-b）もユキモチソウと同時に開花しており,ユキモチソウと他のテンナンショウ属の送粉様式の何が違うのか,あるいは違わないのかを探るのにうってつけである。こうしたこれまでの研究の結果,ユキモチソウはテンナンショウ属の中でも特異な種であることが明らかになってきた。ユキモチソウの送粉を担っていたのはキノコバエの仲間ではなく,ショウジョウバエの仲間,それもキノコショウジョウバエという昆虫のグループであった（**図2-d**; Kakishima *et al.* 2019; Matsumoto *et al.* 2019）。一方,ユキモチソウと同所的,同時に開花していたマムシグサではこのキノコショウジョウバエの仲間が送粉を担うことは一切なく,従来言われていたとおりキノコバエの仲間が主要な送粉者であった。また花の香り成分分析を行った結果も,ユキモチソウからは典型的なきのこの香気成分である1-オクテン-3-オールや3-オクタノンが多く放出されている一方,マムシグサからはそのような香り成分は全く検出されないと

いうものだった。

ほかの種類はどうか？

　さらに視野を広げて，他のテンナンショウ属の種ではどうだろうか。Vogel & Martens (2000) はネパール産の種を中心に，11 種のテンナンショウ属の訪花者を報告しているが，これらはいずれもキノコバエ科かこれに近縁なクロバネキノコバエ科が主要であった。また私たちも近年，奄美諸島徳之島固有のオオアマミテンナンショウや，紀伊半島固有のホロテンナンショウ（図2-c）および同所的に生育するムロウテンナンショウ，キシダマムシグサの訪花者を調査，報告しているがこれらはやはりキノコバエ科ないしはクロバネキノコバエ科がほとんどであった（Kakishima & Okuyama, 2018; Kakishima *et al.* 2020）。なお，たいへん興味深いことに，採集した訪花者の個体数こそ少ないものの，同所的に生育しているホロテンナンショウ，ムロウテンナンショウ，キシダマムシグサの間で訪花者の組成が重ならないこと，また少なくともホロテンナンショウに訪花する昆虫のほとんどはクロバネキノコバエ科の１種であり（図2-e），非常に特異性が高い訪花者誘引のしくみが存在する可能性が示唆された（図3; Kakishima *et al.*, 2020）。

　これらの結果といくつかの別の証拠から，ユキモチソウの花は確かにきのこ擬態をしているが，これはむしろテンナンショウ属においては例外的であり，また日本列島の各地に著しい多様性を誇るテンナンショウ属の各種がそれぞれ異なる方法で異なる送粉者を誘引しているらしいということがわかってきた。現在のところ，ユキモチソウ以外のテンナンショウ属がどのように送粉者を誘引しているのかは全く謎のままであるが，このような送粉様式の多様性こそがテンナンショウ属の日本列島での爆発的な多様化の主要な要因である可能性があるということだ。このように，ちょっとした発見から始まったものの大変興味深い展開を見せているテンナンショウ研究の熱気を，件の童話の結びでもじるならばこんなところだろうか。

　　——日本各地で営まれる多様な「注文の多い料理店」の妖しくも魅力的な謎にとりつかれた私たち２人の好奇心だけは，家に帰っても，お湯にはいっても，もうもとのとおりになおりませんでした。

引用文献

Barnes, E. 1935. Some observations on the genus *Arisaema* on the Nilghiri hills, South India. *Journal of the Bombay Natural History Society* **37**: 630–639.

Kakishima, S. & Okuyama, Y. 2018. Pollinator assemblages of *Arisaema heterocephalum* subsp. *majus* (Araceae), a critically endangered species endemic to Tokunoshima island, central Ryukyus. *Bulletin of the National Museum of Nature and Science, Series B, Botany* **44**: 173–179.

Kakishima, S. *et al.* 2020. Floral visitors of critically endangered *Arisaema cucullatum* (Araceae) endemic to Kinki region of Japan. *Bulletin of the National Museum of Nature and Science, Series B, Botany* **46**: 45–51.

Kakishima, S. *et al.* 2019. A specialized deceptive pollination system based on elaborate mushroom mimicry. *bioRxiv*: 819136.

Knuth, P. 1904. Handbuch der Blültenbwlogie II,l. Leipzig: Engelmann.

Matsumoto, T. *et al.* Pre-pollination isolating barriers between two sympatric *Arisaema* species in northern Shikoku Island, Japan. *American Journal of Botany* **106**: 1612–1621.

邑田仁ほか. 2018. 日本産テンナンショウ図鑑. 北隆館, 東京.

Vogel, S. 1978. Pilzmückenblumen als Pilzmimeten. *Flora* **167**: 329–398.

Vogel, S. & J. Martens. 2000. A survey of the function of the lethal kettle traps of *Arisaema* (Araceae), with records of pollinating fungus gnats from Nepal. *Botanical Journal of the Linnean Society* **133**: 61–100.

第4章　ツリガネニンジンの花粉を運ぶガ

船本大智 （東京大学大学院理学系研究科）

はじめに

　夜の帳が下りた。しばらく待つと，私が観察している花にガが訪れた。ガはあっという間に花から飛び去り視界の外に消えた。観察していたのはツリガネニンジン *Adenophora triphylla* var. *japonica* の花だ。私の主な研究は，この種が花粉媒介者に対してどのように適応しているのかを明らかにすることだ。本章では，私が現在の研究に至るまでの道筋と，これまでの研究によって明らかになったことを紹介する。

1. 研究テーマを決めよう：図鑑から

　私は大学では花生態学の研究がしたいと思っていた。花生態学の研究といっても，さまざまなテーマがある。しかし私はその中でも，色や形といった花のさまざまな特徴（花形質）が花粉媒介者に対してどのように適応しているのか，またそうした特徴がどのような歴史を経て進化してきたのかを調べることに魅力を感じた。どうすれば自分もそうした研究が行えるだろうか？考えた末，花粉媒介者が異なる近縁種間で花形質の比較を行えば良いと思った。なぜならば，近縁な植物種間で花粉媒介者が異なる場合，おそらく花形質の種間差が花粉媒介者への適応を反映していると考えられるからだ。また，種間比較をすれば，主要な花粉媒介者や花形質がどのような過程で進化してきたかを推測できるだろう。当然，このような現象を調べるためには近縁種間で花粉媒介者が違う分類群を見つける必要がある。そこで，まず研究材料を探すことにした。

　さて，研究材料を探すうち，私は夜行性のガによる花粉媒介の研究をすることに決めた。ガを選んだ理由にはいくつかある。まず，すでに多くの研究者がいるハナバチによる花粉媒介の研究にはあまり興味が湧かなかった。次に，花形質と花粉媒介者の関係の進化の研究をするうえでは，昼行性と夜行

性の動物をそれぞれ花粉媒介者とする植物の種間で比較をすることが良いと思った。花形質に昼・夜などの時間軸が加わるということは，種間で比較できる花形質が多くなり，種間の花形質の違いを分離しやすくなるだろう。例えば，夜行性のガに花粉媒介される花は夜に咲き，昼行性のハナバチに花粉媒介される花は昼に咲くかもしれない。夜行性の花粉媒介者は日本では主にガであるため，私はガが花粉媒介する花，つまりガ媒花の研究をすることにした。

　日本の植物の送粉共生系を扱った文献によれば，日本からはいくつかのガ媒花が報告されている（田中，1997：加藤，1993; Miyake *et al.*, 1998）。例えば，白くて細長い花を咲かせるハマオモトやカラスウリの仲間だ。しかし，これらの分類群は日本に分布する種が少ない。花粉媒介者や花形質の種間比較をするためには，できるだけ日本に分布する種数が多い方が良いだろう。例外的に，スイカズラ属（スイカズラ科）とツレサギソウ属（ラン科）はさまざまな花形質を示す種が日本に分布する。しかし，これらの属では花粉媒介者がある程度明らかにされており（Inoue, 1983; 井上，1983; 加藤，1987; Miyake & Yahara, 1998 など），新たな発見の可能性が乏しいように感じた。となると，日本でガ媒花の研究をする材料が見つからなかった。そこで，植物を主題とした文献ではなく，花に訪れるガに着目した論文や図鑑を探すことにした。

　すると，花を訪れるガの図鑑が出版されていることがわかった（池ノ上，2008）。この素晴らしい図鑑は残念なことにすでに絶版だったが，幸運にも古書を入手することができた。図鑑を見ると，どうやらツリガネニンジンという花にいろいろなガが訪花するようだ。そして図鑑の表紙にはツリガネニンジンに訪花したアオモンギンセダカモクメというガの写真が掲載されており，そのガにはツリガネニンジンのものと思われる花粉が多量についていた。翻って植物の図鑑でツリガネニンジンを調べてみると，ツリガネニンジンが属するキキョウ科ツリガネニンジン属は日本に 10 種ほど分布しており，花の色や形態が種ごとに少しずつ異なるようだ（佐竹，1981）。ツリガネニンジン属の他種の花粉媒介者はわかっていないようだが，この属はガ媒花の研究をするうえで適しているのではないかと思った。こうしてようやく研究対象が定まったので，私が当時在籍していた筑波大学で花粉媒介者と花の関係の研究をしている大橋一晴さんに相談し，研究を開始した。

**図1　ハナバチ媒花とガ
媒花の例**
a: ヤマホタルブクロ（ハナ
バチ媒花）。**b**: クサボタン
（ハナバチ媒花）。**c**: スイカ
ズラ（ガ媒花）。**d**: フウラ
ン（ガ媒花）。

2. 誰がために鐘は咲く：
　ツリガネニンジンの花粉媒介者は何か

　図鑑のおかげで，ツリガネニンジンの花にガが来ることはわかった。ただ，
ツリガネニンジンはガ媒花としてはやや例外的な特徴をもつ。ツリガネニン
ジンがどのように変わっているのかを理解するためには，花形質の花粉媒介
者に対する適応進化における傾向を知る必要がある。一般的に，特定の花粉
媒介者のグループに花粉媒介される花は，その花粉媒介者への収斂進化の結
果，遠縁な分類群の間であっても類似した特徴をもつことが知られており，
送粉シンドロームと呼ばれている（Fenster *et al.*, 2004; 酒井，2015）。例えば，
赤紫色や青色で下向きの花はハナバチに花粉媒介される種（ハナバチ媒花）
によく見られ（図1-a, b），白色で細長い花はガ媒花に多い（Willmer, 2011; 図
1-c, d）。しかし，ツリガネニンジンはガが訪花するのにもかかわらず，少な

くとも外見上はガ媒花の送粉シンドロームに当てはまらない。まず，花弁は薄い青色で，花冠は下向きの釣鐘型である（佐竹，1981; Federov, 1957）。また，花の匂いを嗅いでみても，ガ媒花の特徴とされる，甘い香りがするようには思えない。このような花の形や色の組み合わせは，むしろハナバチ媒花にあてはまるように思われる。実際，ツリガネニンジンの花粉媒介者は，これまでハナバチやチョウとされてきたようだ（田中，1997）。では，夜の間にツリガネニンジンの花を訪れるガが，花粉媒介に貢献しているのだろうか？　私はこの疑問に答えるため，野外調査を行った。

　ある花の花粉媒介者がどの種類の動物なのかを確かめる方法はいくつかある（Karn & Inoue, 1993; 酒井，2015）。よく使われる方法は，訪花する動物（訪花者）を観察し，それぞれの動物の種類が訪花する頻度を調べるというものだ。しかし，実際にどの動物が主要な花粉媒介者かを確かめるためには，訪花者の観察のみでは必ずしも十分ではない。どの訪花者が花粉を最も運んでいるかを調べることが必要だ。なぜならば，訪花者によって柱頭や葯への接触頻度や，花粉の運搬量が異なるため，訪花者の観察のみでは効果的な花粉媒介者を特定することは難しいからだ（Baker, 1961; King et al., 2013）。したがって，主要な花粉媒介者を特定するためには，訪花者の間で花粉媒介の有効性を比較する必要がある。例えば，花粉媒介者ごとの種子生産への貢献度だ。花粉媒介者の種子生産への貢献度を比較する方法はいくつかある。私は昼行性の昆虫と夜行性のガの花粉媒介の有効性を比較するため，昼と夜のそれぞれの時間帯に袋を花にかぶせる実験をすることにした。昼間にだけ花に袋をかぶせ，昼間の昆虫による花粉媒介が起こらないようにすれば夜間のガによる花粉媒介がどれくらい起きているかがわかる。逆に，夜間に袋をかぶせ，夜行性のガによる花粉媒介が起こらないようにすれば，昼行性の昆虫による花粉媒介がどれくらい起きているかがわかる。加えて，ツリガネニンジンの花形質，特に開花や蜜分泌が，どの時間帯に起きているかを調べることにした。もし，ツリガネニンジンが夜行性のガによって主に花粉媒介されているならば，開花や蜜分泌が夜間に集中する，といった現象が観察できるかもしれない。

　以上の調査を始めたのは，2013 年の夏だった。調査の直前，私にとって衝撃的な論文が出版された。その論文は，中国のツリガネニンジン属 3 種の花粉媒介様式を調べた優れた研究で，なんとその 3 種のうちにガ媒花が含ま

れることが示されていた（Liu & Huang, 2013）。これら3種のうちガに主に
花粉媒介される種は，白い花をもち甘い香りを放つという点でツリガネニン
ジンとは異なるものの，ツリガネニンジン属でガ媒花が報告されてしまった，
という事実に私は少しがっかりした。しかし，考えても仕方がない。ともか
く自分でも調査をしてみることにした。

3. 野外調査：観察と実験

　調査は2つの集団で行った。1つは，筑波大学の構内にある集団（以下，
筑波）で，もう1つは，長野県の菅平高原にある筑波大学菅平高原実験所の
集団（以下，菅平）だ。どちらの集団でも定期的に草刈りが行われ，ツリガ
ネニンジンを含む草地性の植物が生育している（図2-a, b）。

3.1. 花の形質と訪花者の調査

　まず，訪花者を観察した。次に，花形質として開花時刻，雄期から雌期に
変化する時刻，蜜分泌量の経時変化を調べた。ツリガネニンジンはキキョウ
科に広くみられる雄性先熟と呼ばれる性質をもつ。つまり，同一の花でも，
開花直後にまず雄期があり，一定時間をおいた後に雌期に移行する。雄期で
は花粉が訪花者によって持ち去られ，雌期になると閉じていた柱頭が開き訪
花者から花粉を受容することが可能になる（図2-c）。もう1つの特徴は，開
花時に花粉が雄しべの葯から花柱の表面の毛に受け渡され（図2-d），花柱が
雄と雌の両方の機能を果たすことだ。ただし，雄期では柱頭が開いていない
ため，同花受粉は起こりにくい。私は，柱頭が開いた時刻を雌期への移行時
刻とした。蜜分泌量の経時変化は，袋をかぶせることで昆虫の訪花を妨げた
花から，ガラス毛細管によって4時間ごとに継続的に蜜を採集することによ
って調べた。最後に，袋がけ実験の手法を用い，昼と夜の花粉媒介者の受粉
によって結実した種子の数を調べた。

　筑波での3年間，菅平での2年間の観察によって，昼間には主にハナアブ，
ハナバチ，チョウが訪花することがわかった（図3-a～c）。夜間には，ヤガ
科やツトガ科が訪花した（図3-d～f）。筑波では昼間の訪花者と夜間のガに
よる花への訪問頻度の違いはあまりなかったが，菅平では昼間の訪花者が夜
間の訪花者よりも多く訪問する傾向があった。夜行性のガの中でも，ヤガ科
のキンウワバ亜科は日没直後の薄暮時に活発な訪花行動を示した。彼らは花

図2　ツリガネニンジンの生息環境と花形態
a: ツリガネニンジンの生息環境（菅平）。**b**: ツリガネニンジンの花序。**c**: 雄期（左）と雌期（右）のツリガネニンジンの花。雄期では柱頭が露出していないが，雌期では柱頭が露出する（矢印）。**d**: ツリガネニンジンの花粉の提示様式。雄期の花の花柱の表面の毛上で花粉が提示される（矢印）。

や株の間を活発に移動し，さながら夜間に飛ぶマルハナバチのようだった。一方で，ガの花粉媒介者として良く知られるスズメガの仲間は，昼行性のホウジャク類が明け方や夕方にまれに訪花しただけだった。また袋がけ実験の結果，花粉媒介は夜行性のガが主に担っており，昼間の訪花者は花粉媒介にほとんど貢献していないことがわかった（図4）。さらに，調べた花形質はすべて，夜間の花粉媒介と密接に結びついていた。開花は日没直後に集中して起こり（図5），雄期から雌期への変化は開花後2–3日後の夕方から夜に

図3　ツリガネニンジンの訪花者
a: ホンシュウハイイロマルハナバチ。**b**: ハナバチの一種。**c**: ハナアブの一種。**d**: マダラ
ウワバ属の一種。**e**: ギンモンシロウワバ。**f**: ノメイガの一種。

かけて起こることがわかった（図6）。加えて，蜜はほとんど夜の間しか分
泌されないことがわかった（図7）。つまり，ツリガネニンジンは主にガに
よって花粉媒介されており，時間スケジュールにかかわる花形質はいずれも
ガへの適合を示していたわけである（Funamoto & Ohashi, 2017）。

　夜行性のガの結実への貢献度が昼間の訪花者のそれと比べて高い要因はい
くつか考えられる。まず，花の構造は夜行性のガによる花粉媒介に適してい
ると思われる。特にヤガ科のキンウワバ亜科は，花冠から突出している花柱
にもたれかかって採餌する。かれらはホバリングこそできないが，羽ばたき
ながら訪花するため，訪花時に花柱と体が強く接触すると考えられる。一方
で，ハナアブやチョウは静止して訪花するため，花柱と体が強く接触しない

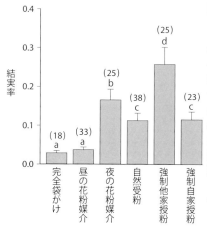

図4　受粉実験における昼と夜の花粉媒介者による結実率（Funamoto & Ohashi, 2017 より改変）筑波のデータと菅平のデータをまとめている。縦軸は果実あたりの結実率。平均±標準誤差（model-adjusted mean ± SE）で示す。グラフの上にある数値はそれぞれの処理区のサンプルサイズ。同じアルファベットで示した処理区間では有意な差はない。分析には，応答変数を果実あたりの種子数，説明変数として実験処理を固定効果，調査場所と植物個体をランダム効果とし，オフセット項として花当たりの胚珠数を含む一般化線形混合モデル（誤差構造：ポアソン分布，リンク関数：対数）を用いた。

かもしれない。次に，夜行性のガと異なり，ハナバチやハナアブは体をグルーミングし，体表に付着した花粉を消費する。したがって，夜行性のガは，ハナバチやハナアブと比べて無駄にする花粉が少ない効率的な花粉媒介者であるかもしれない。加えて，雌期の花を訪花したハナアブが柱頭を舐める行動がしばしば観察された。この行動は，柱頭にすでに付着した花粉を舐めとることで，結実率を低下させるかもしれない。ハナアブのこうした行動は，夜間の花粉媒介者のみの訪花を受けた花が自然受粉の花よりも高い結実率を示したことを説明する要因の1つかもしれない。これらの仮説の検証には，より詳細な実験，例えば訪花者の1回の訪問によって結実する種子数の評価などが必要だ。

3.2. ガはなぜ「好み」からずれたツリガネニンジンに訪花するのか？

　ツリガネニンジンの花の色や形は，いわゆるガ媒花の色や形とは一致せず，むしろハナバチ媒花とされる花でよく見られるものだと先に述べた。それにもかかわらず，なぜガはツリガネニンジンに訪花するのだろうか？　まず一般的に，下向きの花はマルハナバチなどの大型ハナバチ以外の訪花昆虫には好まれない，と言われている（Proctor *et al.*, 1996; Roquet *et al.*, 2008）。それなのに，ガがツリガネニンジンの下向きの花を訪れることができる理由は，花の形態にあると考えられる。ツリガネニンジンの花柱は花冠から突出して

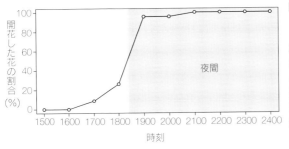

図5　ツリガネニンジンの開花時刻 （Funamoto & Ohashi, 2017 より改変）
23 個体から 1 つずつ選んだ 23 個の花のうち，開花した花の割合を示す。その日に咲くと予想されたつぼみを追跡した。灰色の領域は夜間の時間帯を示す。

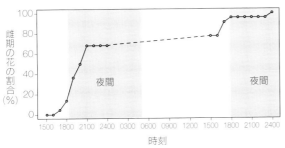

図6　雌期への変化時刻 （Funamoto & Ohashi, 2017 より改変）
22 個体由来の 22 個の雄期の花のうち，雌期に変化した花の割合を示す。開花時刻を調べた花を引き続き追跡したが，1 つの花は食害によって失われた。灰色の領域は夜間の時間帯を示す。破線の時間帯は観察を行っていない。

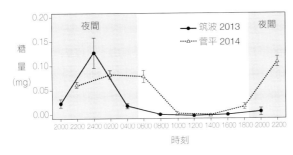

図7　蜜分泌量の経時変化 （Funamoto & Ohashi, 2017 より改変）
4 時間ごとの糖の分泌量を平均±標準誤差で示す。筑波では 26 個体から 27 個の花，菅平では 24 個体から 24 個の花を選んだ。灰色の領域は夜間の時間帯を示す。すべての花が開花した時間から蜜の採取を開始したため，筑波と菅平で採集時間が異なる。

いる。この突出した花柱が足がかりになるため，ガは下向きの花でも訪れることが可能なのだろう。中国で報告されたガ媒のツリガネニンジン属の花形態はツリガネニンジンとよく似ており，花冠から花柱が突き出している（Liu & Huang, 2013）。こうした形態的特徴は夜行性のガによる花粉媒介に対する適応である可能性がある。またツリガネニンジンは，一般的なガ媒花とは異なる青色の花をもつ。しかし，こうした青い花にガが訪花することは，実

はそれほど不思議な現象ではないかもしれない。というのも，確かにガ媒花には白い花が多いものの，本来スズメガやヤガは青色を生得的に好む性質をもつからだ（Goyret *et al.*, 2008; Satoh *et al.*, 2016）。一般的なガ媒花に当てはまらない外見をもつツリガネニンジンにガが訪花する理由は，こうした要因で説明することができると考えられる。一方で未解決の課題もある。一般的にはガ媒花は夜間に甘い匂いを放出する。しかし，ツリガネニンジンは夜間においても甘い香りを放っていないと思われる。ツリガネニンジンが夜行性のガをどのような方法で誘引しているかを明らかにすることは今後の課題だ。

4. これからの研究：
見過ごされてきたガと花の関係をさぐる

　以上のように，ツリガネニンジンはハナバチ媒花に典型的な外見をもつにもかかわらず，その実態はむしろガ媒花であった。近年，他の研究においても，ツリガネニンジンのような，下向きで鐘型をした花が主にガ類に花粉媒介されている例がいくつか報告されてきた（Liu & Huang, 2013; van der Niet *et al.*, 2014; Benning 2015 など）。これらの種はいずれも主にヤガ科，ツトガ科，シャクガ科などの小・中型ガ類に花粉媒介される点でも共通している。下向きで鐘型の花は，これまでガ媒花である可能性について検討されてこなかったものが多い。よって，他にもこうした植物種を調べれば，これまで見過ごされてきたガ媒花が新たに見つかる可能性が高い。また，ツリガネニンジン属を用いた花形質と花粉媒介者の種間比較を行うことによって，こうしたガ媒花がどのような過程で進化してきたかを明らかにできるだろう。

　一方，夜行性のスズメガ科はツリガネニンジンに訪花しなかった。スズメガ媒花は著しく長い花筒や距をもつ顕著な特徴を示すものが多く，古くから研究者の注目を集めてきた（Darwin, 1862 など）。日本においても，スズメガ科とスズメガ媒花の関係に関する記述は，花生態学の初期から存在する（染谷, 1887 など）。しかしながら，着地訪花性ガ類 settling moth と呼ばれる，ヤガ科，ツトガ科，シャクガ科などの小・中型ガ類の花粉媒介者としての重要性や花の形質進化への影響は長らく見過ごされてきた（Hahn & Brühl, 2016）。これまで考えられてきた典型的なガ媒花に当てはまらないツリガネニンジンのような花の存在は，着地訪花性ガ類が，花の形質進化にスズメガ

とは異なる影響を及ぼしてきた可能性を示唆する。今後の研究では，これらのガ類の影響をスズメガとは明確に区別し，注目してゆくことが重要だろう。

おわりに

「いまだに直接観察に勝るものはない。関連のある条件がわかっていない場合にはことにそうである」と，バーンド・ハインリッチ博士は著書『ワタリガラスの謎』の中で述べている。まさに，観察は生態学の基礎である（Sagarin & Pauchard, 2012）。このことを常に忘れず，これからも自然を注意深く観察するととともに，図鑑などに記された先人たちの膨大な知見を借りながら研究をすすめてゆきたいと思う。

謝辞

私の研究は，多くの方々や研究施設の助けがなければ成り立たなかった。特に，大橋一晴さんと杉浦真治さんには，本稿へのコメントとともに，調査計画と論文執筆で重要な助言をいただいた。匿名の2名の査読者からも本稿に対する有益なコメントをいただいた。また，筑波大学の菅平高原実験所とアイソトープ動態研究センターのスタッフには，ツリガネニンジンの調査許可をいただいた。また，私は本稿を執筆中に日本学術振興会特別研究員に採用されていた（課題番号18J20388，21J00051）。この場を借りて深く感謝する。

参考文献

Baker, H. G. 1961. The adaptation of flowering plants to nocturnal and crepuscular pollinators. *The Quarterly Review of Biology* **36**: 64–73.

Benning, J.W. 2015. Odd for an Ericad: nocturnal pollination of *Lyonia lucida* (Ericaceae). *The American Midland Naturalists* **174**: 204–217.

Darwin, C. 1862. On the various contrivances by which British and foreign orchids are fertilised by insects: and on the good effects of intercrossing. John Murray.

Federov, A. A. 1957. *Adenophora. In*: Komarov (ed.) Flora U.R.S.S., p. 246–267. Akademiya Nauk SSSR.

Fenster, C. B. *et al.* 2004. Pollination syndromes and floral specialization. *Annual Review of Ecology, Evolution, and Systematics* **35**: 375–403.

Funamoto, D. & K. Ohashi. 2017. Hidden floral adaptation to nocturnal moths in an apparently bee-pollinated flower, *Adenophora triphylla* var. *japonica*

(Campanulaceae). *Plant Biology* **19**: 767–774.

Goyret, J. *et al.* 2008. Why do *Manduca sexta* feed from white flowers? Innate and learnt colour preferences in a hawkmoth. *Naturwissenschaften* **95**: 569–576.

Hahn, M. & C. A. Brühl. 2016. The secret pollinators: an overview of moth pollination with a focus on Europe and North America. Arthropod-Plant Interactions **10**: 21–28.

ハインリッチ, B. 1995. 渡辺政隆（訳）ワタリガラスの謎. どうぶつ社.

池ノ上利幸. 2008. 花を訪れる蛾たち：知られざる姿を求めて. 昆虫文献六本脚.

井上健. 1983. ツレサギソウ属における送粉と進化. 種生物学研究 **7**: 58–71.

Inoue, K. 1983. Systematics of the genus *Platanthera* (Orchidaceae) in Japan and adjacent regions with special reference to pollination. *Journal of the Faculty of Science, University of Tokyo, Section III, Botany* **13**: 285–374.

Karn, C. A. & D. W. Inouye. 1993. Techniques for pollination biologists. University Press of Colorado.

加藤真. 1987. 被子植物フロラとマルハナバチの共進化系. 種生物学研究 **11**: 1–13.

加藤真. 1993. 送粉者の出現とハナバチの進化. 井上民二・加藤真（編）シリーズ地球共生系 4, p. 33–78. 平凡社.

King, C. *et al.* 2013. Why flower visitation is a poor proxy for pollination: measuring single - visit pollen deposition, with implications for pollination networks and conservation. *Methods in Ecology and Evolution* **4**: 811–818.

Liu, C. Q. & S. Q. Huang. 2013. Floral divergence, pollinator partitioning and the spatiotemporal pattern of plant–pollinator interactions in three sympatric *Adenophora* species. *Oecologia* **173**: 1411–1423.

Miyake, T. & T. Yahara. 1998. Why does the flower of *Lonicera japonica* open at dusk? *Canadian Journal of Botany* **76**: 1806–1811.

Miyake, T. *et al.* 1998. Floral scents of hawkmoth-pollinated flowers in Japan. *Journal of Plant Research* **111**: 199–205.

Proctor, M., P. Yeo & A. Lack. 1996. The natural history of pollination. Timber Press.

Roquet, C. *et al.* 2008. Natural delineation, molecular phylogeny and floral evolution in *Campanula*. Systematic Botany **33**: 203–217.

Sagarin, R. & A. Pauchard. 2012. Observation and ecology: broadening the scope of science to understand a complex world. Island Press.

酒井章子. 2015. 送粉生態学調査法. 共立出版.

佐竹義輔. 1981. キキョウ科. 佐竹義輔・大井次三郎・北村四郎・亘理俊次・富成忠夫（編）日本の野生植物III 草本合弁花類, p. 149–155. 平凡社.

Satoh, A. *et al.* 2016. Innate preference and learning of colour in the male cotton bollworm moth, *Helicoverpa armigera*. *Journal of Experimental Biology* **219**: 3857–3860.

染谷徳五郎. 1887. 花ト蝶トノ関係. 植物学雑誌 **1**: 14–16.

田中肇. 1997. 花と昆虫がつくる自然. 保育社.

van der Niet *et al.* 2014. Do pollinator distributions underlie the evolution of pollination ecotypes in the Cape shrub *Erica plukenetii*? *Annals of Botany* **113**: 301–315.

Willmer, P. 2011. Pollination and floral ecology. Princeton University Press.

第5章　　日陰者の送粉者
キノコバエに送粉される植物の隠された多様性

望月 昂 （東京大学大学院理学系研究科附属植物園）

1．研究の背景

送粉シンドロームと暗赤花

　夏の草原に揺れるキキョウ，夜の森に香るクチナシ，悪臭とともに雪を割る赤黒いザゼンソウ。色やかたち，香りや咲く時期など，さまざな点で多様な花の役割は，同じ種の個体どうしで花粉のやりとりを行い，次世代を残すというごくシンプルなものである。被子植物はなぜ，花粉のやり取りのためだけにさまざまな花を進化させたのだろうか。その答えの1つは，多様な送粉者への適応であると考えられている。

　動くことのできない植物にとって，繁殖が成功するか否かは，効率よくかつ正確に同種へと花粉を届けてくれる送粉者をいかに呼び寄せるかにかかっている。このため，夜行性のスズメガに送粉される植物は，月光をよく反射する白色の花弁をもち，強い香りを放ってスズメガを誘い寄せる。さらに，蜜を深い花筒や長い距の奥に隠し，長い口吻をもつスズメガが蜜を吸う際にうまく葯や柱頭に触れるようなかたちをしている。6月ごろに香るアカネ科のクチナシがまさにそのような例で，それ以外にもウリ科のカラスウリ，ヒガンバナ科のハマユウなどが，類縁関係にないにもかかわらず，互いに似た花をもっている。これは，スズメガを送粉者として誘引し，利用するという共通の淘汰圧による「収斂進化」の結果だと考えることができる。このように，互いに似通った花形質は「送粉シンドローム」と呼ばれる（Fenster *et al.*, 2004）。

　送粉シンドロームの発見は，およそ150年前に，チョウやハナバチ，鳥に送粉される植物がそれぞれ似た花をもつことを南アフリカのケープフロラで観察した Federico Delpino の観察にさかのぼる。その後も，Stefan Vogel や Leendert van der Pijl など，偉大な送粉生態学者がその観察をもとに，花と送粉者の対応関係を研究してきた（Fenster *et al.*, 2004）。最近では，クモ

などを狩るベッコウバチの仲間である *Hemipepsis* 属のカリバチに送粉される植物や，げっ歯類に送粉される植物にも送粉シンドロームが認められることがわかりつつある（Johnson *et al.*, 2017）。

　送粉シンドロームは送粉者と花形質に一定のパターンを見出す教科書的な例である一方で，山を歩いて出会う植物は必ずしもこうした枠組みでとらえられるものばかりでなく，むしろ送粉シンドロームに属さない植物が無数にあるように思える。こうした観察は送粉シンドロームの考え方を構築してきた Vogel や van der Pijl などの研究者の多くが認識していたが（Johnson *et al.*, 2017），どうしたわけかこうした植物たちがスポットライトを浴びることは多くはない。どうして送粉シンドロームが全植物に適用できないのか，残りの植物の花形質は送粉者との関係のうえでどのようにとらえたらよいのかなど，大きな謎が残されている（Ollerton, 2009 など）。

　なかでも現在，筆者が研究を行っている興味深い形質が，暗い赤色の花だ（図 1）。赤色の花といえばチョウや鳥による送粉を象徴するものだが，これらの植物はチョウ媒や鳥媒花のような筒状の構造あるいは突き出た雄しべや雌しべをもたない。コンニャクやラフレシアのように糞や死体に擬態してハエを呼び込む植物でも暗赤色の花をもつことが知られるが，必ずしもすべての暗赤色花が死体や腐肉の臭いをもつわけではない。それでは，これらの植物は一体どのような送粉者と関係性をもつのだろうか？

暗赤色花との出会い

　花と昆虫にかかわる研究を志して京都大学生態学研究センターに進学した私は，川北篤先生（現 東京大学教授）の研究室に所属し，コミカンソウ科植物に関する研究テーマをいただいていた。当時，コミカンソウ科植物の多くは種子を食害するハナホソガに送粉されることが明らかになっていた。川北先生は，コバンノキなどの一部の植物が，タマバエという，双翅目昆虫の中でもカやガガンボが属する長角亜目に含まれる微小な昆虫に送粉されることを突き止め，まさに研究されているところだった。さらに，タマバエに送粉されるコミカンソウ科植物はそのどれもが深く濃い赤色をもつため，タマバエと暗赤色の花の間に関係性があるのではないか，ひいては被子植物一般に暗赤色の花とタマバエなどの微小な長角亜目双翅目の間になんらかの関係があるのではと予想を展開されていた。

図1　暗赤色花をもつ日本の野生植物
a: ザゼンソウ。b: コバナナベワリ。c: シュロソウ。d: エンレイソウ。e: ミクニサイシン。f: ミツバアケビ。g: コバンノキ。h: ワレモコウ。i: マルバノキ。j: コバノカモメヅル。k: ノダケ。

　暗赤色の花をもつ植物は日本にも分布しており，身近な植物でも未知に挑戦できることは筆者の興味を強く引いた。修論そっちのけで，図鑑や論文，ネット記事を読み漁ったり，実際に暗赤色の花をもつミツバアケビで訪花者を観察したりしていた。いつ頃から暗赤色の花のとりこになったのかはっきりとは覚えていないが，修士1年の終わり頃には，台湾の図鑑に載っていたアオキの格好良さに大興奮するようになっていた。

　そんなよそ見の多かった修士課程が終わり，博士課程に進学するとなった際，コミカンソウ科のテーマを続けるのでなく，暗赤色の花の研究を博士課程で行うのはどうかと提案を受け，かねてから興味のあった暗赤色花に本格的に取り組むことになった。

　暗赤色の花は被子植物のなかで多数派ではないものの，日本にはアオキ，チャンチンモドキ，ミツバアケビ，エンレイソウ，ザゼンソウ，コクラン，サワダツ，シュロソウ，コバノカモメヅル，コバナナベワリ，カンアオイの

仲間など，実は多くの植物が暗赤色の花をもつ。知名度の高い植物も含まれるものの，ほとんどの場合送粉者は明らかでない。色だけでなく形もユニークなものが多く，とても取り組みがいのある植物たちだ。手始めに，4月上旬に咲き，最も身近な植物であるアオキから調査を始めることになった。

2.　いざフィールドへ

普通種アオキの暗い花

アオキ *Aucuba japonica* は本州以南から奄美大島までの日本列島および台湾に生育するアオキ科 Garryaceae の雌雄異株の常緑低木で，特に日本の森林では落葉樹林帯・常緑樹林帯ともに最も普通にみられる植物だ。深い紅ともいえる暗赤色の花弁を持つ 7 mm 程度の小さな花をつける（図2）。桜と同じ時期に開花するため，暗く小さなアオキの花はひときわ控えめな印象だ。

送粉者と花形質の関係性について知りたい場合，送粉者を直接観察し，どのような動物が訪れ，どのような行動を示すかを明らかにすることがその第一歩だ。幸い，大学の裏山の吉田山にアオキが数多く生えていたため，手軽に観察を始めることができた。林道沿いの 20 m ほどの範囲に生える 10 個体を観察の対象に定め，それらの花序を順番に回って訪花昆虫を採集することにした。訪花性の動物によって明け方から深夜まで活動時間はさまざまなため，観察は朝4時から夜22時まで行うことにした。

底冷えする京都の朝4時は凍えるような寒さで，日が昇り切るまで花を訪れる昆虫はほとんど見られなかった。気温が上がってくると，ヒメバチの仲間やショウジョウバエなどさまざまな分類群の昆虫がぽつぽつとアオキの花を訪れ始めた。観察は順調に思えたが，訪花昆虫を採集しながら夕方まで観察してみても，花を訪れる昆虫は1時間に数匹程度しかおらず，それらの昆虫も花粉まみれになって送粉に貢献している，というようすではなかった。アオキはさまざまな生きものが少しずつ送粉に貢献するジェネラリストなのだろうか。訪花性昆虫の中には夜行性のものも多くあるため，日暮れを迎えても観察を続けるしかなかったが，はっきりと送粉者といえる訪花者などいないのではないかという疑念にかられた。

あたりが暗くなってきたためヘッドライトをごそごそと準備していたとき，それまで観察していた花の違和感を目の端でとらえた。パッと照らすと，

小さな昆虫が花序でうごめいている。さらによくよく照らしてみてみると，群がっていたのは長角亜目の昆虫。キノコバエだった（図3-a）。これまでの昆虫にはない密度と活発さで花の上で蜜を採餌するキノコバエは，送粉者であることを直感させた。逸る心を抑えていったんそれを無視して，他の株でも同じことが起きているかを確認しに行くことにした。少し離れた場所に生えていた雌株にたどり着きライトで照らすと，こちらでもキノコバエが群がっている。今まさに重大な訪花イベントが発生していることが確信できた。

　貴重な瞬間を逃すまいとシャッターを切っているうちに，キノコバエに体表に花粉が付着しており，まさに柱頭へと授粉する瞬間を観察することができた（図3-b）。……これは間違いなく送粉者だ。堰を切ったように写真を撮り，訪花者を採集し，1時間ほどたったころ，激しい訪花は緩やかに収束していった。

　のちの同定で，集中的に訪花していたのは主にキノコバエ科の*Boletina*属の一種とクロバネキノコバエ科の複数種であることが確認された。さらに後日，同様の現象が滋賀県米原市のアオキ集団でも確認できたため，どうやら日暮れ前後に特定のキノコバエが一斉に訪花することは，吉田山のみで起きる現象ではないらしいということがわかった。

送粉者を決める

　2地点での観察の結果，アオキは実に計6目40科71種もの昆虫に訪花されていること，双翅目昆虫が訪花者の8割以上を占めていることがわかった（表1）。キノコバエに集中的に訪花される時間帯があるとはいえ，さまざまな動物が訪れている場合，訪花者の情報のみに基づいて送粉者を特定することは難しい。訪花者のなかには，葯や柱頭と接触せず花粉の運搬に寄与しないものも含まれるため，送粉者を特定するには，訪花頻度より一歩踏み込んだ客観的な評価が必要になる。

　送粉者としての貢献は，送粉者ごとに訪花1回あたりの花粉持ち去り量や結実数などを調べ，比較できれば最も直接的に評価できるのだが（酒井，2015），小さい昆虫が数多く訪花するような場合には現実的ではない。そこで，Lidsey（1984）およびJohnsonら（2009）の研究で採用されている「送粉者の重要度指数（PII: pollinator importance index）」という指標に基づいた訪花者の評価を行うこととした。これは，ある送粉者グループがどの程度花粉を

図2　最初に取り組んだアオキ
a: 薄暗い林床に生育するアオキの雌株，**b**: 雄花序，**c**: 雌花序

運搬することができるかを評価する指標だ。訪花頻度（A: abundance），花粉運搬量（PCC: pollen-carrying capacity），運搬する花粉のうち該当植物の花粉が占める割合（忠実性 F: Fidelity），柱頭および葯への接触頻度（送粉者としての有効性（PF: pollinator effectiveness）。今回は接触したかしていないかの0，1データとした）を掛け合わせることによって，その訪花者の重要度（PIV: pollinator importance value）を求める。

$$PIV = A \times PCC \times F \times PE$$

これを各訪花者グループについて算出したのち，全グループに対する当該グループの重要度を求めることで各グループの重要度指標 PII を求める。

$$PII_i = PIV_i / \sum PIV$$

アオキで得られた71種の昆虫はその行動や体サイズ，分類群に基づき，同等の送粉能力をもつと仮定される11の訪花者グループに分け，それぞれについて PII を算出した。すると，キノコバエ科とクロバネキノコバエ科を合わせたキノコバエ類の PII が0.529と最も高い値をもつことがわかった（表1，図3-a）。体表花粉数は最も多いわけではないが，圧倒的な訪花頻度によって，送粉への貢献が最も高くなっていた。日没前の観察で得た直感のとおり，アオキは主にキノコバエ類によって送粉されていることが強く示唆されたのだった。

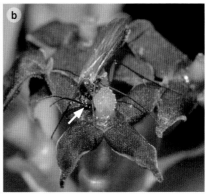

図3　ついに遭遇した送粉者
a: アオキの雄花序に群がるキノコバエ科 *Boletina* 属の一種（↓）。**b**: 雌花で吸蜜する
Boletina 属の一種。体表には花粉が付着しており，まさに柱頭に受粉している（↓）

3. アオキでの観察が意味すること

　キノコバエ科は幼虫期に主に菌類の子実体であるキノコや菌糸，またはコ
ケなどの植物を，クロバネキノコバエ科は主に菌類，植物の根や土中の有機
物質などを食べる昆虫だ（Jakovlev, 2011）。湿潤な森林の林床や渓流沿いに
数多く生息しているが，他の長角亜目昆虫と同様に，植物の送粉者となるケ
ースは往々にして特殊な例だと考えられていた（Larson *et al.*, 2001）。

　日本では，サトイモ科テンナンショウ属やユキノシタ科チャルメルソウ属
など，さまざまな森林でふつうに見られる植物がキノコバエに送粉されるこ
とが知られている（Vogel & Martens, 2000; Okuyama *et al.*, 2008）。これらの植
物にも負けず劣らずの普通種であるアオキがもっぱらキノコバエを送粉者と
して利用していることは何を意味しているのだろうか？　もちろん偶然かも
しれないが，少なくとも日本の森林において，キノコバエという昆虫がこれ
まで考えられてきたよりも重要な送粉者なのではないかと思わずにはいられ
なかった。

　特にチャルメルソウ属植物は，吸蜜をするキノコバエ科昆虫に送粉される
点でアオキに類似している。さらに，花を見比べると，葯が短い花糸によっ
て花床付近に配置されている，花全体が平たく5〜7 mm 程度と小さい，花
弁が暗赤色を帯びる（しばしば緑色），露出した蜜腺をもつ，などが共通し
ている（図4-a, b, c）。冒頭でも紹介したように，同じ送粉者をもつ植物に

表1　アオキの花で採集された各訪花者グループの送粉者としての重要度

送粉者グループ	採集個体数 （花粉をつけて いた個体数）	体表に付着した 花粉の平均 (PCC)	体表花粉のうち アオキの花粉の割合 (F)
キノコバエ	319 (220)	17.8	1
キノコバエ科	110 (98)	27.8	1
クロバネキノコバエ科	209 (122)	12.5	1
ガガンボ	39 (35)	61.1	0.975
その他の長角亜目	29 (21)	14.3	1
短角亜目	25 (18)	23.3	0.946
鞘翅目	12 (11)	13.1	0.692
アリ	10 (10)	10	1
アリ以外の膜翅目	26 (21)	57.2	1
鱗翅目	2 (2)	3	1
その他（カゲロウなど）	3 (1)	19.3	1

　共有される花形質は送粉シンドロームと呼ばれる。ハナバチやチョウなど大型の（メジャーな）送粉者に対する送粉シンドロームはよく知られているが，キノコバエを送粉者とする送粉シンドロームなど聞いたことがなかった。

　これは新しい送粉シンドロームなのではないだろうか？　もしそうならば，アオキやチャルメルソウと類似した花をもつ植物では同様にキノコバエが送粉者として働いていると予想できる（Rosas-Guerrero *et al.*, 2014）。送粉者との対応がわかっていない暗赤色花の中でも，特にこうした視点で注力していけば，これまであまり日の目を浴びてこなかった送粉者と植物の関係性を体系的に明らかにしていけるかもしれない。

　図鑑でチェックしていた暗赤色花をもう一度精査してみると，ニシキギ科のムラサキマユミやサワダツ，クロツリバナ，アオツリバナ，さらにはマンサク科のマルバノキ，ユキノシタ科のクロクモソウが特にアオキやチャルメルソウに似た花をもっていると気づいた（図4）。マルバノキは Okuyama ら（2008）でもキノコバエ媒の可能性が指摘されており，クロクモソウはチャルメルソウに比較的近縁なため，キノコバエに送粉されている可能性があるのではないかと思われた。ニシキギ属だけは送粉者に関する事前情報が皆無だったが，実はこの属の植物であるサワダツは，強いヨーグルト臭を放つことに気づいていて，以前から興味を持っていた。たまに訪れるフィールドで

相対頻度 (A)	送粉者の有効性 (PE)	重要度 (PIV)	重要度指標 (PII)	花粉の 付着位置
0.686	1	12.211	0.529	
0.237	1	6.576	0.285	主に胸・頭, しばしば腹
0.449	1	5.618	0.244	頭, 胸, 腹
0.084	1	4.996	0.217	吻部, 腹
0.062	1	0.890	0.039	前身
0.054	1	1.185	0.051	脚, 頭
0.026	1	0.233	0.010	鞘翅
0.022	1	0.215	0.009	胸, 腹
0.056	1	3.198	0.139	前身
0.004	1	0.013	0.001	脚
0.006	1	0.125	0.005	胸, 腹

ある白山には，サワダツも，ムラサキマユミも，さらには山に登ればクロツリバナもあるらしい。次なる調査が決まるのに時間はかからなかった。

4．ニシキギ属での発見

目に見えぬ送粉者

ムラサキマユミ *Euonymus lanceolatus* は本州の日本海側（山口県〜新潟県）の多雪地帯に産する日本固有の常緑小低木だ。冬季の積雪にも耐えるしなやかでやや匍匐する茎は，せいぜい腰の高さほどにしかならない。美しい披針形の葉のわきには6，7月に花を数個〜 20 個程度つけるが，花は下向きで低い位置につくため人の目にはとまりにくい（図 5-a, b）。調査地である石川県白山市白峰や白山の山林は，湿度が高く，点在する苔むした岩の上にはムラサキマユミと同じニシキギ属のサワダツ *E. melananthus* が数多く生育していた（図 5-c, d）。

アオキが主に日暮れ前後，チャルメルソウ属では日暮れに加えて朝方にも訪花がおきるため（Okuyama *et al.*, 2004），薄明薄暮の時間帯に力を入れて観察をしていたが，どれだけ見ても昆虫は訪れず，ごくまれに来たと思ったら花粉もつけていないトビムシやアリばかりで，これといった送粉者を観察す

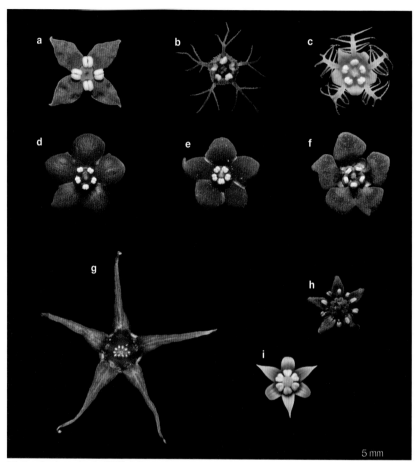

図4　キノコバエに送粉されるチャルメルソウ属とそれに類似した花形質を持つ5科7種の植物

a: アオキの雄花。**b**: チャルメルソウ。**c**: コチャルメルソウ。**d**: サワダツ（ニシキギ科）。**e**: ムラサキマユミ（ニシキギ属）。**f**: クロツリバナ（ニシキギ科）。**g**: マルバノキ（マンサク科）。**h**: クロクモソウ（ユキノシタ科）。**i**: タケシマラン（ユリ科）。

ることができなかった。ムラサキマユミと並行して観察を行っていたサワダツでも，数日に及ぶ調査で採集できたのはキノコバエ2匹に加え，数匹のアリやガ，クサカゲロウなどで，アオキのようにはっきりとしたことはわからなかった。しかしその一方で，インターバル撮影による観察では，両種ともに数回にわたりキノコバエが花を訪れるようすが写っていた。そのうえ，開花期の終わりには，受粉が完了し子房が膨らみ始めた花があちこちにみられ

図5　今回調査したニシキギ属の植物
a, b: 薄暗い林床に生えるムラサキマユミとその花。**c, d**: 苔むした岩からしなだれるように生えるサワダツの花。**e**: クロツリバナの生育する利尻島の森。**f, g**: 満開のクロツリバナと枝から釣り下がるクロツリバナの花。

た。間違いなく，送粉者は花を訪れたはずだ。なぜ直接観察でみつけることができないのか。釈然としない想いが募った。

クロツリバナでの発見

　これはまずいということで次の年には戦法を変えた。開花期が早く，より多くの花をつける，同じ属のクロツリバナ E. tricarpus で観察をしてヒントを得ようと考えたのだ。クロツリバナは白山など本州の亜高山帯にもまれに生育するが，サワダツなどの調査の際に下見をしにいったものの，白山では2個体しか発見できなかった。本州ではまれな一方，北海道では低山の山地

林でもしばしばみられるとの情報をネットで得たが、夜間観察をするうえで
ヒグマは脅威だった。調査地が決まらず二の足を踏んでいたところ、ヒグマ
のいない利尻島ではクロツリバナが代表的な林床低木だという記述（春木ら、
2004）を目にし、早速調査を行うことにした。

　利尻島は標高1721 mの利尻富士が島の中心に聳える火山島だ。飛行機の
窓から見た利尻富士の美しさと未踏の地への高揚感は今も鮮明に覚えてい
る。利尻島（や礼文島）はリシリヒナゲシやボタンキンバイなどの固有種が
有名だが、低地から高山植生が見られる点でも特徴的だ。なんでもない道端
に広がる草地ではエゾフウロ、ハクサンチドリやニッコウキスゲが咲き乱れ、
ひとたび森に入ればマイヅルソウ、ツバメノオモトやレンプクソウ、エンレ
イソウ、トガスグリが林床を覆いつくす。シカ害により林床の草本が壊滅的
なダメージを受けた関西の山に慣れ親しんだ筆者には眩しすぎる植生が広が
っていた。

　ひとしきり植物を楽しんだあと、利尻山へつながる旧登山道を目指し少し
ずつ標高を上げながら歩くことにした。エゾマツやハリギリ、エゾイタヤの
森を抜け、ダケカンバやミヤマハンノキが優占するようになったとき、林縁
に1本のクロツリバナが生えていた。大喜びして写真を撮り、さらに林床を
のぞき見ると、大量の花が枝から咲きこぼれた立派なクロツリバナが数多く
生えていた（図5-e, f, g）。

　花つきの良い10株ほどを選定し、それを見て回るように観察を始めると、
昼間であったがすぐにクロバネキノコバエが訪花しているのが見られた。こ
れは夜間に集中的な訪花があるかもしれない。その予想通り、薄暮の時間帯
には驚くべき頻度と密度でクロバネキノコバエが訪花していた（図6-a, b）。
3日3晩、また翌年も同様に観察を行った結果、4目27科48種計779匹も
の昆虫を採集した。最も多かったのは、661匹を記録したクロバネキノコバ
エだった。クロツリバナの訪花者組成やそれぞれの送粉者としての貢献度は
アオキの例と非常によく似ており、キノコバエ類が主に送粉者であることが
明らかになった（図7-b）。

再び挑戦

　クロツリバナでは日没付近に集中して訪花が起きるという発見に後押しさ
れ、サワダツに再挑戦した。「絶対に花に来ているはず」と念じながら目を

皿にして観察をすると，花粉をつけた *Mycomya* 属やナガマドキノコバエ属 *Neoempheria* などのキノコバエ科が訪花しているのが観察できた（図6-c）。アオキやクロツリバナに比べ花数が少ないために，絶対的な訪花数が少なく，見逃していたようだ。目が慣れたあとは，次の年も問題なく観察でき，サワダツはほぼキノコバエのみに送粉を委ねていることがうかがえた（図7-c）。

　ところが，ムラサキマユミは夜間どれだけ見てもなにも来ない。もしかしたら調査地の影響もあるのかもしれないと思い，白山での調査をいったん諦め，新たな可能性に賭けることとした。実は，1年目の秋にキャンプで訪れた大山で，結実したムラサキマユミの大群落を発見するという幸運に恵まれていた。そこならば辛抱すれば確実に観察できるだろうと考えていたのだが，結局大山でも夜間観察は実を結ばなかった。意気消沈し，半ば諦めながらも気分転換に朝方フラフラと花を巡回しているとき，運命的な出会いがあった。花にキノコバエがおり，蜜をせっせと吸っているではないか。しかもよく見ると花粉まみれである（図6-d）！　心臓が飛び出そうになったが息を殺し，慎重にかつ十分に写真を撮り，この上なく丁寧に採集を行った。歓喜のうちに確認したそのキノコバエは，サワダツでもしばしば観察されたナガマドキノコバエ属の一種だった。

見えていたのに，見ていない

　この日は午後にも同様にキノコバエを花で見かけることができたのだが，どうやら日中に活動するキノコバエは，夜間に活動するものよりもずいぶんと警戒心が強く，こちらが不用意に動くと逃げてしまうようだった。そこで，その後数日間，観察する場所を決めたらそれからじっと体を動かさないよう気をつけた。覗き込むようにしながら観察するのは骨が折れたが，結果的にこれは功を奏し，日中，特に14〜16時のほんのひとときにキノコバエが花に群がる現象が起きることがわかった。

　前年のインターバルカメラによる撮影のデータを見返してみると，大山のものと同じか非常に近い種と思われるナガマドキノコバエ属がその時間帯に写っていた。しかもその頻度は2時間の間に2花で合計40回にものぼっていたことがわかった。最終的に採集できた訪花者はほとんどがキノコバエ科であり，特に数の多かった昼行性のナガマドキノコバエのみが花粉を運搬しているという結果になった（図7-d）。後になって考えると，白山でムラサキ

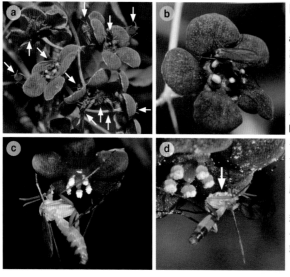

図6　クロツリバナの花と訪花昆虫

a: クロツリバナの花序を訪れるクロバネキノコバエ類。5つの花に11頭ものクロバネキノコバエが訪花しているが，示されないと極めて認識しにくい（←）。**b**: クロツリバナで吸蜜するクロバネキノコバエ科の一種。**c**: サワダツを訪れたキノコバエ科 *Mycomya* 属の一種。**d**: ムラサキマユミの花を訪れたキノコバエ科ナガマドキノコバエ属の一種。前脚腿節に大量の花粉が付着している（←）。

マユミを観察していた時に，株に近づくとふわりと飛び立つものをしばしば目にしていた。その当時は送粉に関係のない虫が地表から飛び立っているのだろうと思っていたが，あれはおそらく送粉者だったのだ。いることを知らなければ目にとまりすらしない送粉者を相手にしていることを感じさせられたのだった。

5. 予想を覆す急報，そして決着。

　苦労したニシキギ属植物だったが，暗赤色の花をもつ3種がキノコバエを中心とした送粉様式をもつことを突き止めることができ，アオキの観察の後で立てた予想を補強する結果が得られた。さらにこれと並行し，暗赤色で平たい花をもつユキノシタ科クロクモソウ *Micranthes fusca* がキノコバエ科 *Brevicornu* 属や *Orfelia* 属を中心とした送粉様式をもつこと（図8-a, b），Okuyama ら（2008）がキノコバエ媒の可能性が指摘していたマンサク科マルバノキ *Disanthus cercidifolius* が *Boletina* 属や *Mycetophila* 属のキノコバエに送粉されること（図8-c, d）が判明した（図7-e, f）。

　ここまでの結果に基づき論文をまとめようとしていた矢先，北海道で調査中の川北先生から，ユリ科のタケシマラン *Streptopus streptopoides*（図8-e）にキノコバエが訪花している写真が送られてきた。タケシマランは図鑑でみ

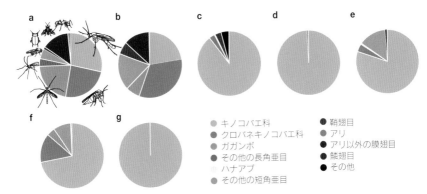

図7　訪花者グループごとの送粉者としての重要度（PII）
a: アオキ。**b**: クロツリバナ。**c**: サワダツ。**d**: ムラサキマユミ。**e**: クロクモソウ。**f**: マルバノキ。**g**: タケシマラン。

た限りほとんど緑色の花をしているためノーマークで，実に衝撃的な知らせだった。しかし，花には暗赤色の模様が入り，花の形態はアオキやムラサキマユミに非常によく似ており，キノコバエが訪花している様子も，堂に入ったものだった。

　急いで自生地へ向かい，小さな植物体から垂れ下がる花を見始めるとすぐにキノコバエがやってきた。2，3株を見渡すように観察していれば，10分に一度はキノコバエ科昆虫（のちに*Brevicornu*属だと判明する）が花を訪れては吸蜜し，次の花へ向かう様子が観察できた（図8-f）。訪花は日中にのみ起こり，キノコバエ以外の昆虫が花を訪れることはなく，花粉運搬はもっぱらキノコバエが担っていることが判明した（図7-g）。

　タケシマランと同様に，チャルメルソウ属やテンナンショウ属などのキノコバエに送粉される植物はしばしば緑色のディスプレイをもつ。このため，赤い花だけに着目すると多様性の一端しか明らかにできないこと，また，花形態はキノコバエによる送粉と関係のある重要な情報であることが再認識された重要な観察だった。

　これら3年間の調査から，最終的に，日本に分布する5科7種の植物がキノコバエを中心とする送粉様式をもつことがわかった（**表**2; Mochizuki & Kawakita, 2018）。このうちアオキ科，ニシキギ科，マンサク科は科レベルで初めてのキノコバエ媒の報告であり，これまでぽつぽつと報告されてきたキノコバエによる送粉を，花形質に基づいて体系的に発見することができた。

表2　キノコバエに送粉されることが明らかになった5科7種の植物のまとめ

種	アオキ	ムラサキマユミ サワダツ クロツリバナ
科	アオキ科	ニシキギ科
生活形	低木	矮性低木，小低木，低木
生育環境	林床	ブナ林の林床，渓流沿いの岩の上，亜高山帯の林床
開花期	春（4月）	初夏（6〜7月）
主な送粉者	キノコバエ科 *Boletina* 属 クロバネキノコバエ科複数種	ムラサキマユミ：ナガマドキノコバエ サワダツ：さまざまな属のキノコバエ科 クロツリバナ：キノコバエ科 *Boletina* 属，クロバネキノコバエ科複数種
花粉付着位置	主に頭，胸	胸部腹側，前脚腿節
送粉者の活動時間	主に日没前後	ムラサキマユミ：日中， サワダツ：日没前後， クロツリバナ：日没前後

6．キノコバエに送粉される植物の多様性

　本研究の大きな成果は，これまで見過ごされがちだった生物を主な送粉者とする植物群を体系的に発見できたことだ。キノコバエは5mm程度と，マルハナバチやガなどの送粉者に比べはるかに小さいため，群集レベルの研究では，しばしば送粉者リストから除外されることすらあった（Larson *et al.*, 2001）。日本に分布する，身近な植物をも含む複数の植物で次々とキノコバエ媒が発見されたことは，キノコバエが送粉者としていかに見過ごされてきたかということを物語っている。

　さまざまな文献でキノコバエによる送粉はごく一部の植物でのみ知られるとされるが，文献を丁寧に見返していくと，キノコバエによる送粉の報告はおよそ100年前まで遡ることができ（Garside, 1922など），これまでアジア，オーストラリア，北米，中米，南アフリカなどのさまざまな地域から，なんと計9科22属にも及ぶ植物で報告されていた（表3）。その中には，繁殖場所に擬態する，あるいは交尾相手に擬態すること（性的擬態）でだましてキノコバエを呼び寄せる植物や，種子を報酬とする植物が報告されており，キノコバエに対してバラエティに富んだ適応をしていることが見てとれる。本

マルバノキ	クロクモソウ	タケシマラン
マンサク科	ユキノシタ科	ユリ科
低木	多年草	多年草
湿った林床や林縁	渓流沿いの岩の上，亜高山帯の林床	渓流沿いの岩の上，亜高山帯の林床
晩秋〜初冬（11〜12 月）	夏（7〜8 月）	雪解け直後
キノコバエ科 *Boletina* 属，*Mycetophila* 属	キノコバエ科 *Brevicornu* 属，*Orfelia* 属	キノコバエ科 *Brevicornu* 属，*Phronia* 属
胸部腹側，前脚脛節，頭	胸部腹側，頭	胸部腹側，前脚脛節
日没前後	日没前後にピークがあるが，日中にも訪花がある	日中

　章で紹介した研究により新たに3科5属の植物がキノコバエ媒として名を連ねることになり，計12科27属でキノコバエ媒が進化していることになる（Mochizuki & Kawakita, 2018）。

　アオキやムラサキマユミ，チャルメルソウのように，キノコバエに送粉される植物の多くは，温帯林の薄暗くて湿度の高い林床環境や早春や晩秋などの時期に花を咲かせることには興味を引かれる。林床には，送粉者として一般的に知られるハナバチやチョウなどの飛翔性の昆虫が多くないことが知られている（Moldenke, 1976）。その一方で，キノコバエをはじめとする双翅目昆虫は晩秋や早春などの気温が低い時期にも活動しているうえに，菌類やコケで繁殖するキノコバエは林床に大量に生息している。多少の蜜を提供するだけで花を訪れてくれるキノコバエは，林床に生きる植物にとって利用しやすい重要な送粉者なのだろう。私の論文が出版された前後にも，ハランやタヌキノショクダイの仲間，ホンゴウソウなど暗い林床に生きる植物から興味深い例が次々と報告されており，キノコバエと植物の隠された関係性が急速に明らかになってきている（表3）。

図8　暗赤色で平たい花をもつ植物と送粉者キノコバエ
a: 渓流沿いの苔むした岩の上に生えるクロクモソウ。**b**: クロクモソウを訪れるキノコバエ
科 *Brevicornu* 属の一種。**c**: 開花したマルバノキ。**d**: マルバノキの花粉をつけたキノコバエ
科 *Boletina* 属の一種（▽）。**e**: 渓流沿いの苔むした岩の上に生えるタケシマラン。**f**: タケシ
マランを訪花するキノコバエ科 *Brevicornu* 属の一種。

7. 花形質の生態と進化

花形質は送粉にどのように貢献しているのだろうか

　さて，アオキとチャルメルソウの花を比較して得た花形質はキノコバエに
よる送粉と強いかかわりがあるようだが，いったいどのような生態的機能を
もつのだろうか。

　本研究で扱った5科7種の植物で特徴的なのはやはり暗赤色や緑の花の
色だが，その生態的機能は全くわかっていない。すなおに考えれば，キノコ
バエが赤や緑に誘引されると予想されるのだが，チョウや一部のコウチュウ
を除く昆虫は紫外，青，緑，紫の波長領域に最も高い感受性をもつ4つの色
覚細胞をもち，一般に長波長の赤色を感受できないとされている（Lunau *et*

al., 2011)。そのため，赤い花は背景の植物の緑色に溶け込み，多くの昆虫にとって認識が難しいと考えられている (Lunau *et al.*, 2011)。実際にキノコバエに送粉される植物の反射スペクトルを測り，それを用いて双翅目や膜翅目からどのように見えているかを推定したところ，背景からの区別は難しいようだった (望月 & 川北, 未発表データ)。

　さらに，キノコバエ科の色覚に関する文献はないが，クロバネキノコバエ科は赤や青よりも黄色のトラップによく誘引されることは知られている (Cloyd & Dickinson, 2005)。また，キノコバエに送粉されるラン科植物 *Lepanthes rupestris* は黄色の花をもつ個体と花の一部が暗赤色になる個体が存在するが，色の差異は繁殖成功度に影響を及ぼさないようだ (Tremblay & Ackerman, 2007)。また，コチャルメルソウの花弁はを切り落としても訪花頻度に影響を与えないことから，キノコバエの誘引における視覚の効果は低いと考えることができる (Katsuhara *et al.*, 2017)。

　これらの研究を総合すると，現在のところ暗赤色や緑色のディスプレイがキノコバエを呼び寄せるのに有効であるという証拠はない。

　積極的にキノコバエを呼ぶのでないとしたら，昆虫の多くが赤を認識しないことを利用して，必要以上に訪花者を呼ばないための適応なのではないかという可能性も考えられる。これは，鳥に送粉される植物が，鳥へのアピールのためではなく，花粉を奪いに来るハナバチを避けるために赤い花をつけているという anti-bee 仮説をもとにした考え方だ (Lunau, 2011)。アオキやサワダツなどはいずれも花から強い匂いを放っているため，キノコバエの誘引は匂いに任せ，暗い林床に溶け込むように暗赤色や緑色の花をつけているのではないだろうか。現在，この仮説について検討を行っているところだ。

　色の効果がはっきりしないのとはうらはらに，花の形態はキノコバエとの花粉のやりとりに重要な機能があると考えられる。花粉を運搬するキノコバエはほとんどの場合，前脚腿節や胸部の腹側，あるいは頭部にまとまって花粉が付着していた (図7-d；図8-d; 表2)。実際にどの植物でも，キノコバエが葯や柱頭を取り囲む蜜腺から染み出る蜜を得ようと短い口吻を押し当てる際に，すぐそばにある葯に胸部や腿節が接触していた。もし葯が長い花糸を備え蜜腺から遠ざかった位置にあったら，華奢な体のキノコバエに花粉を付着させることは難しくなるだろう (図9)。短い花糸で蜜腺付近に配置された葯や露出した蜜腺は，キノコバエに効率的に花粉を運搬させる機能をもつ

表3 キノコバエに送粉される植物の世界的多様性（2020年6月時点）

科	種	花色	生育環境
サトイモ科	テンナンショウ属 spp.	暗赤色または緑色（仏炎苞）	林床，林縁
	Arisarum proboscideum	暗赤色または緑色（仏炎苞）	暗い林床
ウマノスズクサ科	*Aristolochia carifornica*	緑色・暗赤色	林内，林縁
	カンアオイ属 spp.	暗赤色または緑色	林床，林縁
ラン科	コフタバラン	暗赤色または緑色	湿った林床
	Acianthus caudatus	暗赤色	湿った林床
	Corybas spp.	暗赤色	湿った林床
	Lepanthes spp.	黄色・赤	着生
	Nematoceras spp.	暗赤色または緑色	湿った林床
	Octomeria crassifolia *O. grandiflora*	黄緑色・クリーム色	着生，岩隙
	Pleurothallis marthae	クリーム色・暗赤色	地表付近に着生，林床
	Pterostylis spp.	暗赤色または緑色	渓流沿い，林床，草原
	Satyrium bicallosum	紫・クリーム色	乾燥又は湿った砂地
ホンゴウソウ科	ホンゴウソウ	暗赤色	林床
キジカクシ科	ハラン	暗赤色	林床
ユリ科	*Scoliopus bigelovii*	暗赤色・白色	渓流沿い，湿った林床
タヌキノショクダイ科	*Thismia tentaculata*	白・黄色	林床
ユキノシタ科	チャルメルソウ属 spp.	暗赤色または緑色	湿った林床，渓流沿い
	Tolmiea menziesii	暗赤色	林床
キョウチクトウ科	コバノカモメヅル	暗赤色または緑色	湿地
	トキワカモメヅル	暗赤色	林床，林縁
	Ceropegia spp.	白色	情報なし
タデ科	セイタカダイオウ *Rheum alexandrae*	クリーム色	高山ツンドラ，湿地

*：文献中の交尾，産卵行動や卵の有無など擬態を示唆する記述に基づく
**：詳しくは Mochizuki & Kawakita, 2018 を参照

分布	開花期	報酬	擬態の有無 *	代表的な参考文献 **
東アジア，北・中央アメリカ	春	なし（ほとんどの場合）	繁殖場所擬態？	Vogel and Martens, 2000
スペイン，イタリア	春	なし	—	Vogel, 1973
北米	早春	なし	—	Stebbins, 1971
アジア，ヨーロッパ，北米	春	なし	繁殖場所擬態？	Sugawara, 1988
周北極	早春	蜜	—	Ackerman & Mesler, 1979
オーストラリア	晩冬〜早春	蜜	—	Dafni & Bernhardt, 1990
東南アジア，オーストラリア，太平洋諸島	晩冬〜早春	蜜ではない分泌物	繁殖場所擬態？	Kelly et al., 2013
コスタリカ，プエルトリコ	通年	なし	性擬態	Blanco & Barboza, 2005
ニュージーランド，オーストラリア	春〜夏	なし	繁殖場所擬態？	Scanlen, 2006
ブラジル	雨季	蜜	—	Barbosa et al., 2009
コロンビア	雨季	蜜	—	Duque-Buitrago et al., 2014
東南アジア，オーストラリア，太平洋諸島	秋〜冬	なし	性擬態	Phillips et al., 2014
南アフリカ	春	油のような分泌物	—	Garside, 1922
日本	夏	なし	—	Nemoto et al., 2018
日本	春	なし	—	Suetsugu & Sueyoshi, 2017
北米	晩冬〜早春	蜜	—	Mesler et al., 1980
香港，ベトナム	雨季	滲出液	—	Guo et al., 2019
日本，北米	春	蜜	—	Okuyama et al., 2004; 2008
北米	春	蜜	—	Goldblatt et al., 2004
日本	夏	蜜	—	Yamashiro et al., 2008
日本	夏	蜜	—	Yamashiro et al., 2008
インド	雨季	情報なし	—	Ollerton et al., 2017
ヒマラヤ	夏	種子		Song et al., 2014; 2015

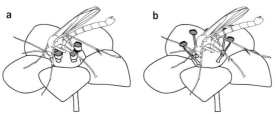

と推察できる。

キノコバエ媒送粉シンドローム仮説

　では，キノコバエ媒植物に共通した花形質はキノコバエ媒への送粉シンドロームなのだろうか。送粉シンドロームは，その送粉者への適応の収斂現象としてあらわれる花形質の類似性を示すため，送粉者の予測性は送粉シンドロームの一側面に過ぎない（Fenster *et al.*, 2004）。キノコバエ媒植物に共通する花形態が送粉シンドロームであるかどうかを知るためには，この形態がキノコバエ媒の進化に伴って獲得されたものであるかどうかを確認しなければならない。それには，花形態の異なる種を含む近縁のグループの系統樹を用い，キノコバエ媒の種とそうでない種の花形態や系統樹上の位置を検討する必要がある（Okuyama *et al.*, 2008）。

　調べたキノコバエ媒植物の近縁種を見てみよう。アオキ属，ニシキギ属，クロクモソウ属，タケシマラン属は黄色や白色のディスプレイをもち，花形態の異なる植物を含むようだ。特にアオキ属，ニシキギ属，クロクモソウ属の3属では近縁種の形態もよく似ており，同様の進化的傾向をもつことがうかがえる（図10）。なかでもニシキギ属は送粉様式の進化を研究するモデルとして最適だ。ニシキギ属は北半球を中心に130種ほどが知られ，およそ30種がサワダツやムラサキマユミのような暗赤色または赤色の花をもっている（Ma, 2001）。残りの種は，日本にも生育するマユミやマサキなどのように黄緑色や白色，あるいはツリバナのように部分的に赤色が入ったような花を持っている。先行研究で報告されている系統樹に花色を当てはめてみると，それぞれの花色が近縁種でまとまることはなく，明らかに独立に何度も進化していることが推測できた。現在，日本産の非暗赤色花種や，北米，台湾など海外産の暗赤色花種の送粉様式の解明に力を注いでおり，キノコバエ

図 10　ニシキギ属 (a, b)，アオキ属 (c, d)，クロクモソウ属 (e, f) 植物にみられる
　　共通した傾向
暗赤色で花糸の短い花をもつキノコバエ媒植物の近縁な植物は，明るい色で花糸の長い花
をもつ花をもつ。a: マサキ（ニシキギ属）。b: サワダツ（ニシキギ属）。c: ガビアオキ（ア
オキ属）。d: アオキ（アオキ属）。e: フキユキノシタ（クロクモソウ属）。f: クロクモソウ（ク
ロクモソウ属）。

媒の進化と花形質の進化の関係性について，はっきりとした，非常に興味深
い結果が得られつつある。

8．今後の展望

　日本は，7 科 10 属のキノコバエ媒植物を有するホットスポットである。
このように調査がかなり進んでいる日本ですら，スグリ科スグリ属
（Okuyama *et al*., 2008 でも指摘されている），モッコク科ヒメヒサカキやビ
ャクブ科ナベワリ属などキノコバエ媒である可能性の高い花をもつ植物はま
だ存在している。世界に目を向ければ，北米のキンポウゲ科ヒイラギナンテ
ンモドキ，東南アジアのトウダイグサ科 *Trigonostemon* 属やビャクブ科
Stichoneuron 属，東アジア～ヒマラヤの赤い花をもつハナイカダ科ハナイ
カダ属，ヨーロッパや南アフリカのアカネ科ヤエムグラ属など数えきれない
ほどの植物がアオキ様の花をもっている。これらの植物は果たしてキノコバ
エに送粉されているのだろうか？　日本の植物で構築した仮説は通用するの

だろうか？

　この研究のそもそものスタートは，暗赤色花全体の生態だった。暗赤色に注目したことが，キノコバエに送粉される植物の多様性を明らかにする一助であったことは間違いない。しかし，コンニャクや性的擬態をするランでも，暗赤色の花をもつことは知られているし，タケシマランの例のように，「キノコバエならば暗赤色」というわけでもない。暗赤色花はなぜ暗赤色なのだろうか。どのような送粉者と関係性があるのだろうか。送粉者が明らかでない植物はまだ無数にある。そうした植物にはきっと，アオキの観察の時のように，予想だにしていない動物が訪れるのだろう。まだ研究は始まったばかりだ。

謝辞

　本研究は，とても多くの方々にアドバイスと批評をいただくことで，暗赤色という大きなくくりからキノコバエへとフォーカスを絞っていくことができた。指導教員の川北先生は日々研究の進捗を気にかけてくださり，論文の丁寧なご指導をいただいた。また，京都大学生態学研究センターの酒井章子先生，同室の先輩である伊藤公一さん，研究室の土岐和多留さん，中臺亮介さん，古川沙央里さん，平野友幹さん，樋口裕美子さん，武田和也さんには日々のディスカッションや，調査の同行など本当にお世話になりました。学会で発表を聞いてくださった多くの方々との議論も本研究を進めるうえで欠かせないものでした。この場を借りて御礼申し上げます。

引用文献

Cloyd, R. A & A. Dickinson. 2005. Effects of growing media containing diatomaceous earth on the fungus gnat *Bradysia* sp. nr. *coprophila* (Litner) (Diptera: Sciaridae). *Hortscience* **40**: 1806–1809.

Fenster, C. B. *et al.* 2004. Pollination syndromes and floral specialization. *Annual Review of Ecology and Systematics* **35**: 375–403.

Garside, S. 1922. The pollination of *Satyrium bicallosum* Thunb. *Annals of the Bolus Herbarium* **10**: 137–154.

Guo, X. *et al.* 2019. A symbiotic balancing act: arbuscular mycorrhizal specificity and specialist fungus gnat pollination in the mycoheterotrophic genus *Thismia* (Thismiaceae). *Annals of Botany.* **124**: 331–342

春木雅寛 ほか. 2004. 利尻島および礼文島における代表的な森林植生について. 利尻研究

23: 57-91.

Johnson, S. D. *et al.* 2009. Pollination and breeding systems of selected wildflowers in a southern African grassland community. *South African Journal of Botany* **75**: 630–645.

Jakovlev, J. 2011. Fungus gnats (Diptera: Sciaroidea) associated with dead wood and wood growing fungi: New rearing data from Finland and Russian Karelia and general analysis of known larval microhabitats in Europe. *Entomologica Fennica* **22**: 157–189.

Katsuhara, K. R. *et al.* 2017. Functional significance of petals as landing sites in fungus-gnat pollinated flowers of *Mitella pauciflora* (Saxifragaceae). *Functional Ecology* **31**: 1193–1200.

Larson B, Kevan P, Inouye D. 2001. Flies and flowers: taxonomic diversity of anthophiles and pollinators. *The Canadian Entomologist* **133**: 439–465.

Lunau, K. *et al.* 2011. Avoidance of achromatic colours by bees provides a private niche for hummingbirds. *The Journal of Experimental Biology* **214**: 1607–1612.

Ma, S. J. 2001. A Revision of *Euonymus* (Celastraceae). *Thaiszia* **11**: 1–264.

Mochizuki, K. & A. Kawakita. 2018. Pollination by fungus gnats and associated floral characteristics in five families of the Japanese flora. *Annals of Botany* **121**: 651–663.

Moldenke, A. R. 1976. California pollination ecology and vegetation types. *Phytologia* **34**: 305–361.

Okuyama, Y. *et al.* 2004. Pollination by fungus gnats in four species of the genus *Mitella* (Saxifragaceae). *Botanical Journal of the Linnean Society* **144**: 449–460.

Okuyama, Y. *et al.* 2008. Parallel floral adaptations to pollination by fungus gnats within the genus *Mitella* (Saxifragaceae). *Molecular Phylogenetics and Evolution* **46**: 560–575.

Ollerton, J. *et al.* 2009. A global test of the pollination syndrome hypothesis. *Annals of Botany* **103**: 1471–1480.

Rosas-Guerrero, V. *et al.* 2014. A quantitative review of pollination syndromes: do floral traits predict effective pollinators? *Ecology Letters* **17**: 388–400.

酒井章子. 2015. 送粉生態学調査法 (生態学フィールド調査法シリーズ). 共立出版, 東京.

Tremblay, R. L. & J. D. Ackerman. 2007. Floral color patterns in a tropical orchid: Are they associated with reproductive success? *Plant Species Biology* **22**: 95–105.

Vogel, S. & J. Martens. 2000. A survey of the function of the lethal kettle traps of *Arisaema* (Araceae), with records of pollinating fungus gnats from Nepal. *Botanical Journal of the Linnean Society* **133**: 61–100.

第6章　ガに踏まれて受粉！
サクラランの不思議な送粉の発見

望月 昂（東京大学大学院理学系研究科附属植物園）

1. 奄美大島のサクララン

　キョウチクトウ科サクララン *Hoya carnosa* は屋久島から台湾，中国の海南島などに分布し，南西諸島では谷や琉球石灰岩の岩場でよく見られる木本性のつる植物だ。5月から10月にかけて開花し，美しい白い毬のような花序をつける（図1）。

　私がサクラランに出会ったのは，大学院修士課程1年の，調査で奄美大島に滞在していたときのことだ。当時私は，指導教員の川北篤先生が長年研究されているコミカンソウ科植物とハナホソガの共生関係に関する研究テーマをいただいており，研究室のなかまと一緒に奄美大島に3週間滞在するというぜいたくな調査をしていた。奄美大島の豊かな亜熱帯林には送粉者が知られていない植物が数多くあるので，長い調査期間をうまく活用して何か発見ができると良いというご助言を受け，本調査の傍ら開花しているさまざまな植物で送粉者の観察をする日々だった。サクラランは，送粉者のわかっていない植物として先生が挙げられた1つだった。

　初めてサクラランの花を見つけたのは，雨の中だった。リュウキュウアサギ

図1　サクラランの花序と生育環境
左：毬状になるサクラランの花序。花の中央のピンク色のずい柱に巧妙な仕掛けが隠されていた。**右**：サクラランの生育環境。渓流沿いの木から垂れ下がる。

マダラが訪れていたので，すぐに採集して確認した。後で述べるように，サクラランは花粉が凝集した「花粉塊」という塊をつくるのだが，採集したリュウキュウアサギマダラに花粉塊はついていなかった。雨が降っていたため，花も訪花者も深く観察することなく，花だけ採集して宿舎に持ち帰った。

　宿舎に戻った後，改めてみたその花序は拳ほどにも大きく，きれいな球状で，まるで園芸種のような華やかさを感じさせた。白い星型の花の中心が星型のピンク色に色づいているようすは，ミフクラギやヘクソカズラなどのガ媒花を彷彿とさせた。一般的にガ媒花はガが口吻を差し込めるような蜜の溜まった距や花筒があるものだが，サクラランの花にそれらしき構造はなく，どうにも平たい。リュウキュウアサギマダラも花粉塊を付着させていなかったし，どのような送粉者がどのように訪花し花粉塊を運搬しているのか。その時は想像もできず，野外で観察できるチャンスを待とうということで，いったんサクラランの話題は終わった。

強い香りに突き動かされて

　ある晩，もしガ媒花ならば夜に強いにおいをだしているのではないかという話になり，サクラランの花が入っているビニール袋を開け，においを嗅いでみる流れになった。顔を突っ込んでみると，昼間よりもずっと濃い，もったりとした甘いにおいが充満している。このにおいは私を突き動かすには十分で，「今まさにサクラランに送粉者が来ているに違いない。見に行かなければならない！」という強い衝動にかられ，深夜ではあったがサクラランを探しに出かけたのだった。

　本州に先んじて梅雨を迎えた夜の森には，カエルの大合唱の間からリュウキュウコハズクのコホーッコホーッという鳴き声が響いていた。足元を照らし，ハブがいないことを確認し，開花しているサクラランへ近づいた。花序にライトを当てると，数匹小さなガがへばりついている。やはりサクラランは夜にガを誘引しているのだ！

　ところが，採集したガの口吻を1匹ずつ確認しても，花粉塊はついていない（ガガイモ亜科の植物では，多くの場合昆虫の口吻に花粉が付着する）。観察しているうち，比較的大きな1個体が，足先に黄色い米粒のようなものをいくつかつけているのに気づいた。不思議に思っていると，同行していた研究室の先輩の古川沙央里さんが，「脚先の黄色いのがそう（花粉塊）なん

表1　昼間（**27.83**時間）および夜間（**23.92**時間）の 観察で見られた訪花者と花粉塊付着の有無のまとめ

目	科	種	捕獲数（観察例数）	花粉塊を持っていた個体数	前翅長（mm）平均 ± SD	花粉塊の付着位置
鱗翅目	シャクガ科	リュウキュウフトスジエダシャク	7	1	20.12 ± 1.31	爪間盤
		オオハガタナミシャク	1	0	16.95	
	スズメガ科	ホウジャク属 sp.1	2	0	20.88 ± 0.3	
		ホウジャク属 sp.2	1	0	27.43	
	ツトガ科	ウスキモンメイガ	1	0	7.7	
		オオウスグロノメイガ	27	1	14.24 ± 1.36	爪間盤
		オキナワエグリットガ	1	0	4.48	
		クビシロノメイガ	21	0	9.28 ± 0.71	
		クロウスムラサキノメイガ	1	0	9.48	
		シロツトガ	1	0	17.7	
		シロマダラノメイガ	1	0	9.14	
		スジグロミズメイガ	9	0	8.37 ± 0.65	
		ゼニガサミズメイガ	12（13）	0	7.64 ± 1.13	
		マメノメイガ	1	0	13.23	
		ミツシロモンノメイガ	2	0	15.07 ± 1.73	
		未同定種 sp.2	1	0	5.54	
		未同定種 sp.1	1	0	6.28	
	ヒトリガ科	ヒトテンアカスジコケガ	7	1	20.12 ± 1.31	爪間盤
	メイガ科	チビシマメイガ	1	0	16.95	
	ヤガ科	オオトモエ	13(18)	0	46.78 ± 1.39	
		オキナワアシブトクチバ	1	7	24.11	
	タテハチョウ科	リュウキュウアサギマダラ	3	0	46.78 ± 1.39	
双翅目	ガガンボ科	ガガンボ属 sp.	1（5）	0	計測せず	

図2　送粉者オオトモエ
a: サクラランを訪花するオオトモエ，**b**: 花弁の端をつかむ脚先には複数の花粉塊が付着している（←）。**c**: 足場を探して花粉塊を踏む様子。**d**: 採集したオオトモエの脚先には多数の花粉塊が付着している（↑）。

じゃない？」とつぶやいた。そんなまさかと思ったが，宿に戻り顕微鏡でよく観察し，サクララン属の花粉塊に関する文献と比較してみると，どうやらその米粒は花粉塊のようだった。

表2 各脚に付着した花粉器のクリップの数

（　）の中の数字は運搬隊に残った花粉塊の数（1つの運搬体当たり最大2つ）を，マイナスは脚が失われデータが得られなかったことを示す。

| 昆虫分類群 | 右 | | | 左 | | | 総計 |
	前脚	中脚	後脚	前脚	中脚	後脚	
	1 (1)	1 (1)	2 (3)	2 (1)	1 (1)	2 (3)	9 (10)
	2 (0)	2 (0)	0	3 (0)	1 (0)	0	8 (0)
	2 (0)	2 (0)	2 (2)	2 (0)	-	-	8 (2)
	3 (5)	0	1 (2)	2 (2)	1 (2)	0	7 (11)
	2 (2)	2 (2)	-	2 (3)	2 (4)	1 (0)	9 (11)
	1 (1)	1 (0)	2 (3)	2 (1)	2 (0)	2 (3)	10 (8)
オオトモエ	2 (1)	2 (1)	2 (1)	3 (3)	2 (2)	3 (4)	14 (12)
	2 (4)	1 (2)	1 (2)	-	2 (3)	2 (4)	8 (15)
	2 (2)	0	3 (3)	2 (2)	1 (2)	-	8 (9)
	1 (2)	2 (4)	3 (4)	0	1 (0)	-	7 (10)
	2 (0)	1 (0)	3 (1)	2 (3)	2 (0)	1 (0)	11 (4)
	0 (0)	1 (1)	1 (1)	2 (2)	1 (2)	1 (1)	6 (7)
	1 (2)	1 (1)	1 (0)	2 (2)	-	2 (4)	7 (9)
オオウスグロノメイガ	1 (2)	0	0	0	0	0	1 (2)
リュウキュウフトスジエダシャク	0	0	1 (2)	0	0	2 (3)	3 (5)

脚先で花粉を運ぶ

　ひと月後，修論の調査で再び観察地を訪れた。このときには，花序を覆いつくすほど大きなガがへばりついているようすを観察できた（図2）。採集したガの6本の脚には花粉塊が付着していた。さらに別の時期・場所や翌年に追加で観察を重ねると，ヤガ科やツトガ科などさまざまなガ類やリュウキュウアサギマダラが採集されるものの，花粉塊を運んでいたものは3種のガ類のみであること（表1），6本の脚すべてに花粉塊を付着させていたヤガ科のオオトモエ *Erebus ephesperis* が，ほかの2種に比べ多数の花粉塊を運搬していることがわかった（表2）。

　いずれの観察でも，訪花者はじっくりと花蜜を楽しんでおり，長い時では1つの花序に3時間以上とどまることもあった。訪花者をよく観察すると花がびっしりと敷き詰められた球形の花序には掴まる場所が少ないらしく，せわしなく足場を探しながら吸蜜をしているようだった。だいたいは花弁のふ

ちをつかんでいるが（図2-b），花の中心構造を掴もうとした際，内側の星の間に位置する花粉塊を踏みつけているようだ（図2-c）。小型のガ類も多数訪花し，花粉塊を踏みつけている様子は観察できたのだが，彼らは花粉塊を花から引き抜くには小さすぎるようだった。また，花粉塊はオオトモエの足の爪の間にある爪間盤と呼ばれる，吸盤のような役割を果たすパッドに付着していたのだが，大型のリュウキュウアサギマダラは爪間盤を欠くために花粉塊の運搬をしていなかったと考えられた（詳細は本稿後半を参照されたい）。

　脚先による花粉塊の運搬，これは新しい！　論文にできるぞ！　と息をまいていたのだが，冷静になって調べてみると，複数の先行研究がガガイモ亜科植物で脚による花粉塊の運搬を報告していた（Frost, 1965; Ollerton *et al.*, 2003; Shuttleworth & Johnson, 2008 など）。現象自体が新しくないとすると，何か付随して新しい発見がないと論文にするのは難しいが，どうにも良いアイデアが出ない。そうこうしているうちに修士論文を書く時期になり，博士課程に進学し，博士研究を軌道に乗せることで手いっぱいになり，いつしかサクラランのことは頭の片隅に追いやられていった。

現実逃避から……

　最後のサンプリングから1年半ほどたち，博士研究のメインになる論文と悪戦苦闘していると，ふと気楽な気持ちでやっていたサクラランの研究を思い出した。息抜きと称し，いつか役立つだろうと栽培していたサクラランがつけた花を解剖してじっくり観察行うと，すぐにさまざまな疑問がわいてきた。なぜ口吻ではなく脚先に付着するのだろうか。ガは吸蜜していたが，蜜腺はどこだろうか。柱頭はどこにあるのだろうか。花粉塊はどのように花に挿入され，どのように受精に至るのだろうか。サクララン属に特徴的な内側の星はなんの構造だろうか。自分はサクラランについて何もわかっていなかったのだ。

2. ガガイモ亜科の植物

　サクラランの属するガガイモ亜科は，被子植物のなかで最も複雑な花をもつグループのひとつだ。形態に基づく分類体系ではガガイモ科という独立した科をつくっていたが，DNAを用いた分類体系ではキョウチクトウ科に内包される（Sennblad & Bremer, 2002）。世界中におよそ3000種が知られ，北

米・アフリカの草原やステップに生育するトウワタ属 *Asclepias*, アジアの熱帯雨林で着生生活を送るサクララン属 *Hoya*, 主にアフリカの乾燥地帯に分布する *Ceropegia* 属など, 世界のさまざまな気候帯に合わせ多様化を遂げている。多くがつる性植物だが, アフリカ大陸などに分布する *Ceropegia* 属や *Stapelia* 属は, サボテン科のような多肉植物や, 根の一部が貯水機能をもって膨れ上がる塊根植物だ。なかでもガガイモ亜科植物は, その出で立ちの多様さと美しさのみならず, 花の色や形, 大きさ, そして匂いまでもが実に多様で, 個性的で魅力にあふれた植物として, 多くの植物愛好家から愛されている分類群だ。

　ガガイモ亜科植物の大きな特徴は, 花粉を「花粉塊」という塊にして送粉者に運搬させていることだ。花粉塊はラン科植物でも独立に進化しているが, 花粉塊の構造や送粉者への付着メカニズムは大きく異なる。ラン科の花構造や送粉は, 高橋英樹氏著の『ランの王国』をはじめ, 多くの書籍やウェブサイトで紹介されている。ところが, 同じく花粉塊をもつガガイモ亜科の植物の花や送粉に関する日本語の解説は驚くほど少ない。

複雑な花

　ガガイモ亜科植物の花には, 一般的な被子植物にみられるような雄しべや雌しべは見受けられない（図3-a）。雄しべと雌しべは, 変形・合着し, 花弁の中心にずい柱 gynostegium と呼ばれる構造物をつくり上げている（図3-a; Corry, 1884; Endress, 2016）。ずい柱は, 胚珠と花柱, 柱頭からなる雌しべ由来の構造を, 副花冠 corona や花粉器 pollinarium（複数形は pollinaria）などの雄しべ由来の組織が覆いかぶさることでできている。

　柱頭は, 副花冠がつくるスリットの内部の部屋・柱頭室に位置しており, スリットの直上には花粉塊が配置されている（図3-b）。多くの属では柱頭室から蜜が分泌され, 送粉者が吸蜜をすると柱頭と接触することになる（Meve & Liede, 1994）。上部に向かって先細りするスリットには返しがあり, 一度吻部や脚を差し込むと奥へといざなわれ, 狭いスリットを通り抜けたあとに待ち受けている花粉器に接触する（図3-b）。

　花粉器は2つの花粉塊と運搬体 corpusculum（またはクリップ clip）が花粉塊柄 caudicle, translator ram によって繋がれた構造体で（図3-d）, 1つの花に5つつくられる。花粉塊の運搬体の片面には溝があり（図3-e）, 送粉者

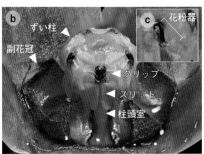
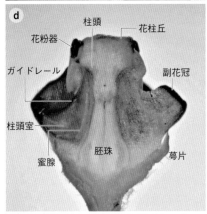
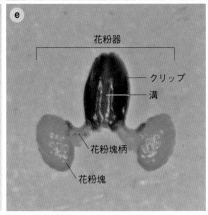

図3　ガガイモ亜科植物ナガバクロカモメヅルの花構造

a: 花は花弁，萼片，副花冠および雌しべと雄しべが合着・変形したずい柱からなる。**b**: ずい柱の拡大。2つのガイドレールに挟まれたスリットの上部には花粉器がある。花粉器は，部分写真（**c**）のように下向きに垂れる。**d**: 花の縦断面図。**b**で示したスリットに対して垂直方向に切断している。左側にみえるスリット内部の柱頭室は広く，蜜を分泌する。**d**: 花粉器は花粉の詰まった花粉塊，送粉者の体に付着するクリップとそれらをつなぐ花粉塊柄によって構成されている。

　の吻部や脚など体の一部がスリットを通り抜けるとき，その体に生えた剛毛などの送粉者の体の一部にしっかりとくっつき，花から抜き出される。花粉塊をつけた送粉者が再び花を訪れると，今度は花粉塊がスリットにしごきとられ，柱頭室へと花粉塊が受け渡される。種によっては，柱頭から粘着性の液体が分泌されていて，運ばれてきた花粉塊を逃さないようになっている。

　花粉塊が外れたあとの運搬体は送粉者の体に付着し続けるため，何度も訪花していると運搬体や花粉塊はだんだんと数を増していき，口吻が団子状に膨れ上がることがある。昆虫の採餌に悪影響を及ぼしそうだが，花粉塊は採餌効率に大きな影響を与えないようだ（Coombs *et al.*, 2012）。一方で，ガガ

イモ亜科植物のスリットは硬く狭いため，アリなどの昆虫が挟まって死んでしまったり，脚や口器が破壊されたりと，ガガイモ亜科の花は訪花者にとってしばリスクを伴う（Shuttleworth & Johnson, 2009）。スリットや副花冠の大きさと構造は，特定の動物しか柱頭や花粉塊にアクセスできないようにする物理的なフィルターとしてのはたらきがあるといわれている（Shuttleworth & Johnson, 2013）。

多様な送粉様式

ガガイモ亜科植物は，鳥，チョウ，ガ，ハナバチ，カリバチ，甲虫，ハエなど多岐にわたる動物に送粉されている。花粉塊をもつかどうかで簡単に送粉者としての判定ができること，花から持ち出された花粉塊の数，持ち込まれた花粉塊の数から繁殖成功度*を容易に測定できることなどから，送粉生態学で古くから研究されてきた。特に，ハナバチやチョウに送粉される北米のトウワタ属だけで30編以上の論文が出版されている（Stoepler *et al.*, 2012など）。2018年時点で，3340種中567種12.6%の植物に関する送粉者データがあり，最もよく送粉者の調べられている植物の一群だ（Ollerton *et al.*, 2018）。

キョウチクトウ科の他の植物に比べ，カリバチ，甲虫，ハエ媒の送粉様式が卓越していることが特徴で（Ollerton *et al.*, 2018），南アフリカのケープ地方をはじめとするアフリカからさまざまな興味深い例が報告されている。

おそらく最も有名なのは，*Stapelia* 属や *Orbea* 属などを含むグループだ（現在は多くが *Ceropegia* 属へと所属が変更されている（Bruyns *et al.*, 2017））。これらの植物の多くは，茎が肥大化した多肉の体から，黒紫色で毛が密生した花をつけ，動物の死骸や糞のようなにおいを放ってハエを呼び寄せている（Meve & Liede, 1994）。*Ceropegia sandersonii* は，昆虫の新鮮な死骸に集まるクロコバエ科やキモグリバエ科などのハエを誘引するために，ミツバチがクモに狩り殺されたときのにおいを放つという（Heiduk *et al.*, 2016）。我々の想像を超えるような奇妙な擬態だが，*Ceropegia* 属は花の匂いを巧みに使

---

*：ある生物個体が一生のうちに残せた次世代の数。「適応度」ともいう。植物の場合，用意した花粉のうち外部に持ち出された花粉の割合や，柱頭へたどり着いた花粉の割合を雄の繁殖成功度，用意した胚珠のうち，受粉または受精したものの割合を雌の繁殖成功度とすることがある。

って植物種ごとにさまざまなハエを使い分けているらしい（Heiduk *et al.*, 2017）。

3. サクラランの花構造と送粉

特有の構造

　サクララン属でも，ガガイモ亜科の他の属と基本的なつくりは同じだが，特有の形質もある。特に目を引くのが，星形のずい柱だ（図4-a）。これは，よく発達した花糸由来の副花冠 staminal corona の下面に，葯由来の葯裾 anther skirt が合着した構造で（図4-c, d；Kunze & Wanntorp, 2008），サクララン属に特有の形質だ。上述の通り，通常は柱頭室からあふれ出る蜜を採餌して送粉者はスリットへ誘われるが，スリットはほとんど開いていないほど狭く（図4-b），さらに柱頭室の蜜腺は機能を失っている。興味深いことに，多くのサクララン属植物では，葯裾の内壁に二次蜜腺が形成されており，蜜腺の機能が柱頭室から副花冠に移行している（図4-c, d; Omlor, 1998; Kunze & Wanntorp, 2008）。葯裾にためられる蜜があふれ出ていることも多く，ずい柱のわきに水滴をつくっている（図4-a）。確かに，訪花していたオオトモエは花弁とずい柱の隙間に口吻を差し込んで吸蜜していた（図2-a）。花粉塊や柱頭は蜜の分泌場所と空間的に離れているので，口吻が触れることはない。その代わり，足場を探して花粉塊を踏みつけにすることで脚に付着すると考えられる。なお，蜜腺の喪失と二次蜜腺の獲得はトウワタ属でも起きており，雄しべ由来の hood という構造が上向きのカップ状に発達し，その内側に蜜が湛えられる。こうしたケースでは，サクラランと同様に訪花者が花にしがみついて吸蜜する際に花粉塊が主に脚に付着することが知られている（Ollerton *et al.*, 2003）。このことからも，蜜腺が柱頭から分離されていることは脚に花粉塊を付着させることと深いかかわりがあるのだといえる。

花粉塊はどう動く？

　踏みつけられ，花から取り外された花粉塊はその後どのように柱頭にたどり着き，受粉に至るのだろうか。野外で採集しエタノール漬けにしてあった花の標本を解剖していた時，あることに気づいた。それは，花粉塊が花の外側に付着している花が複数あることだった（図5-a）。この様子は野外観察の

際にも 2，3 度見たことがあったが，花粉塊が途中で脚から外れたのだろう
と気にしていなかった。しかしこの花粉塊は液浸標本にしても付着する位置
が変わらず，ピンセットで引っ張っても取れない。カミソリで切って断面を
みると，花の外側に付着した花粉塊の一辺から花粉管の束が柱頭の方へ収束
しており，それによって花から外れないのだとわかった（図 5-b）。上述の通
り，通常ガガイモ亜科植物では花粉塊はスリットの中に取り込まれ，柱頭室
に受け渡されるが，サクラランは花粉塊がスリットにはめ込まれ，花の外に
飛び出した状態で受粉が成立しているのだ（のちに，このこと自体は形態学
研究から予想されていたことを知った（Wanntorp, 2007））。

　サクラランで得たオオトモエの脚先を電子顕微鏡で観察すると，運搬体が
しっかりと爪間盤に付着している（図 5-c）。さらに，花粉塊がすべて同じ方
向を向いた状態で爪間盤に付着しており，花粉塊の竜骨状縁 pellucid mergin,
crest が鉛直下向き（つまり地面側）になっていることがわかる（図 5-c）。
サクララン属では花粉管は竜骨状縁を通じて発芽するため，この部分が正確
にスリットにあてがうように挿入される必要がある（Wanntorp, 2007）。人の
手で花粉塊を抜き出すと，花粉塊は互いに違う方向を向いてしまうが（図
5-d），オオトモエの脚先に付着しているものはすべて同じ方向を向いている。
このことから，運搬体が爪間盤に付着することで，花粉塊の角度が調節され
ているのだと考えられる。花粉塊の向きが揃えられていることで，ガが花序
の上を歩き回る際，スリットを踏みつけにするとそこで花粉塊の竜骨状縁が
スリットに挟まり，受粉に至るのだろう。

　このように，サクラランの花は，送粉者となる大型のガの脚に花粉塊を付
着させて柱頭まで運搬させるような構造になっていると考えることができる
（Mochizuki *et al.*, 2017）。さらに，花がぎっしりと生じる球形の花序構造もま
た，送粉者をじっくりと歩き回らせるための適応なのではないだろうか。

サクララン属の花多様性と未知なる送粉様式

　ここまでで，サクララン属の特徴的形態が送粉様式に寄与していそうだと
いうことはわかった。幸運なことに，サクラランはサクララン属の基準とな
る種であり（Brown, 1810），最も代表的なサクララン属植物ということにな
るのだが，果たしてこれでサクララン属を理解したことになるのだろうか。
同属植物はどのような花をもつのだろうか？　脚による花粉塊運搬は属内で

広くみられる現象なのだろうか？

　300種ほどが知られるサクララン属のほとんどが，星形に発達したずい柱，

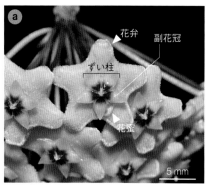

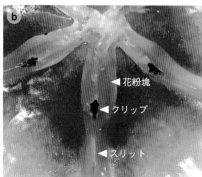

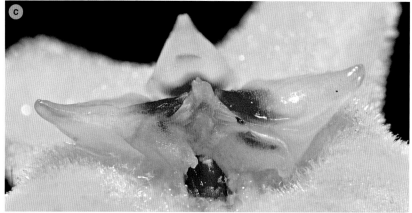

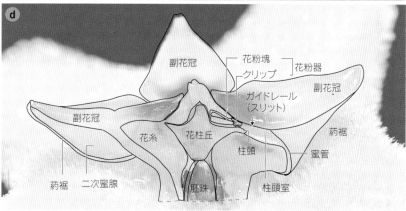

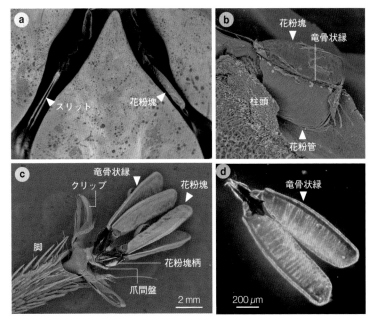

図5　受粉されたサクラランの電子顕微鏡 SEM 写真
a: 花粉塊がスリットに納まり，受粉が完了する。多くの属とは異なり，花粉塊はずい柱の中には取り込まれない。**b**: 副花冠を取り除くと，花粉塊の竜骨状縁から柱頭に向かって花粉管が伸びている様子が観察できる。**c**: オオトモエの脚に付着した花粉塊。竜骨状縁が地面方向を向くよう角度が固定されている。**d**: 花から取り出した花粉塊。通常花粉塊の向きは **c** のように揃わないことから，運搬体が脚に付着すると，スリットに差し込みやすい向きへと花粉塊が揃えられるのだと考えられる。

二次蜜腺の獲得，花粉塊の竜骨状縁などの形質をもつが，蜜腺の位置や竜骨状縁の発達の程度は種によって異なる場合がある。さらに言えば，花弁や副花冠の色やかたち，花序構造は実に多種多様なことから，ガ以外にもさまざまな動物を送粉者として利用しているかもしれない（図6）。例えば，*H. pubicalyx* の花形態は近縁なサクラランとほぼ同じだが全体に紅く，ガ媒花

図4　サクラランの花構造
a: 星形の花弁に星形のずい柱が重なる美しい花。星形のずい柱の脇に蜜がたまっている。**b**: ずい柱を拡大した様子。スリットは狭く，花粉器は花粉塊が上向き，つまりカモメヅル属とはさかさまに配置している。**c, d**: ずい柱の一部を除去した様子。スリットのすぐ下にある柱頭室は狭く，蜜は分泌しない。ずい柱先端部分は，上部が副花冠，下部が葯裾からなる。サクララン属では葯裾の内側が蜜腺の機能を果たし，ここから分泌された蜜がずい柱の脇にたまる。

的な色合いではない。また，球形の花序をしていても，花弁・副花冠ともに黄色い *H. limoniaca* や緑の花弁に赤い副花冠というビビッドな組み合わせの *H. cinnamomifolia*，あるいは全体がえんじ色をした *H. sciariae* など豊かな色彩パターンが見受けられる。花の色からは具体的な送粉者など全く想像もできないが，基本構造を同じくする種は昆虫が花序の上を歩き回って脚で送粉しているのではないだろうか。幸運なことに，この原稿の入稿直前に，サクラランと同様の送粉様式が，サクラランとよく似た球形の花序をもつ *H. pottsii* で報告された（Landrein *et al.*, 2021）。しかも興味深いことに，送粉者はオオトモエをはじめとした *Erebus* 属の数種やトモエガ科の他属の昆虫だそうだ！　別の種，別の場所，そして自分以外の研究者がサクラランと同様の現象を報告したことはとても喜ばしく，サクラランにおいて球形の花序をもつ種と *Erebus* 属など大型ガ類の関係性を示唆するものだ。一方で球状といっても，手のひらほどの大きさの肉々しい花をつける *H. imperialis* や *H. lauterbachii* などは昆虫には花序があまりに大きく，鳥類が送粉する可能性も考えられる。花序構造も多様そのもので，小指の爪よりも小さな花を二次元的に並べる *H. obscura* や，下向きのドーム状になる *H. tsangii*，壺状花が密集する *H. heuschkeliana*，葉腋にひとつかふたつ花をつける *H. retusa*，釣鐘状の花をひとつだけつける *H. sammananiana* など，正直に言ってどのような送粉者がどのように花粉塊を運搬しているのか，予想などみじんもたたないような花ばかりだ。現在のところ，サクラランと *H. pottsii* 以外には，*H. australis* が昼間セセリチョウに訪花されているということしかわかっておらず（Foster, 1992），サクララン属の多様な花形態がどのような送粉様式とかかわりがあるかは全く未解明である。サクララン属の研究は，ほとんどが熱帯性であるため開花期の予測がたちにくく，着生性やつる性植物のため観察がしづらいなどさまざまなハードルがあるのだが，そこにはこれまでの送粉生態学の知識では理解しえないような新しい現象がきっと待ち受けていると思うと胸が高鳴るばかりである。

謝辞

　本コラムで紹介した研究は，研究室の先輩の古川沙央里さんとの共同研究で，オオトモエが訪花している本研究の象徴的な一枚は古川さんによって撮

影されたものです。本稿での使用にあたり快く許可をしてくださったことに
御礼申し上げます。また，本稿の図の一部は筆者の所属する東京大学大学院
理学系研究科附属植物園で植物育成をされている竹中桂子さんによって栽培
された植物を用いています。筆者が枯らしかけた植物たちを開花に導いてく
ださった手腕に敬意を表し，この場を借りて御礼申し上げます。研究室の後
輩の樋口裕美子さんには本原稿へのコメントを頂きました。この場を借りて
御礼申し上げます。

引用文献

Brown, R. 1810. On the Asclepiadeae. *Memoirs of the Wernerian Natural History Society* **1**: 12–78.

Bruyns PV, Klak C, & Hanáček P. 2017. A revised, phylogenetically-based concept of *Ceropegia* (Apocynaceae). *South African Journal of Botany* **112**: 399–436.

Coombs, G. *et al.* 2012. Large pollen loads of a South African asclepiad do not interfere with the foraging behaviour or efficiency of pollinating honey bees. *Naturwissenschaften* **99**: 545–552.

Cole, T. & K. Mochizuki. 2019. キョウチクトウ科の系統 (Japanese). Apocynacese phylogeny poster.

Corry, T. H. 1884. On the structure and development of the gynostegium and the mode of fertilization in *Asclepias cornuti* Decaisne (*A. syriaca* L.). *Transactions of the Linnean Society of London Series 2* **2**: 173–207.

Endress, P. K. 2016. Development and evolution of extreme synorganization in angiosperm flowers and diversity: A comparison of Apocynaceae and Orchidaceae. *Annals of Botany* **117**: 749–767.

Forster, P. I. 1992. Pollination of *Hoya australis* (Asclepiadaceae) by *Ocybadistes walkeri sothis* (Lepidoptera: Hesperiidae). *Australian Entomologist* **19**: 39–42.

Frost, S. W. 1965. Insects and pollinia. *Ecology* **46**: 556–558.

Heiduk, A. *et al.* 2016. *Ceropegia sandersonii* mimics attacked honeybees to attract kleptoparasitic flies for pollination. *Current Biology* **26**: 2787–2793.

Heiduk, A. *et al.* 2017. Floral scent and pollinators of *Ceropegia* trap flowers. Flora **232**: 169–182.

Kunze, H. & L. Wanntorp. 2008. Corona and anther skirt in *Hoya* (Apocynaceae Marsdenieae). *Plant Systematics and Evolution* **271**: 9–17.

Landrein, S. *et al.* 2021. Pollinators of *Hoya pottsii*: Are the strongest the most effective? *Flora* **274**: 151734.

Meve U. & S. Liede. 1994. Floral biology and pollination in stapeliads – new results and a literature review. *Plant Systematics and Evolution* **192**: 99–116.

Mochizuki, K. *et al.* 2017. Pollinia transfer on moth legs in *Hoya carnosa* (Apocynaceae).

図6　多様なサクララン属植物の花
　色彩や形態も多種多様だが，球形，平面状あるいは1つだけ花をつけるものなど，花序の形も極めて多様である。**a**: *H. meliflua*，**b**: *H. limoniaca*，**c**: *H.danumensis*，**d**: *H. blashernaezii* subsp. *siariae*，**e**: *H. caudata*，**f**: *H. obscura*，**g**: *H. tsangii*，**h**: *H. densifolia*，**i**: *H. engleriana*，**j**: *H. heuschkeliana*，**k**: *H. retusa*，**l**: *H. multiflora*

American Journal of Botany **104**: 953–960.

Ollerton, J. *et al.* 2003. The pollination ecology of an assemblage of grassland asclepiads in South Africa. *Annals of Botany* **92**: 807–834.

Ollerton, J. *et al.* 2018. The diversity and evolution of pollination systems in large plant clades: Apocynaceae as a case study. *Annals of Botany* **123**: 311–325

Omlor, R. 1998. Generische Revision der Marsdenieae (Asclepiadaceae). 257p. Shaker Verlag, Aachen.

Sennblad, B. & B. Bremer. 2002. Classification of Apocynaceae s.l. According to a new approach combining linnaean and phylogenetic taxonomy. *Systematic Biology* **51**: 389–409.

Shuttleworth, A. & S. D. Johnson. 2008. Bimodal pollination by wasps and beetles in the African milkweed *Xysmalobium undulatum*. *Biotropica* **40**: 568–574.

Shuttleworth, A. & S. D.Johnson. 2009. Palp-faction: an African milkweed dismembers its wasp pollinators. *Environmental Entomology* **38**: 741–747.

Shuttleworth, A. *et al.* 2017. Entering through the narrow gate: A morphological filter explains specialized pollination of a carrion-scented stapeliad. *Flora* **232**: 92–103.

Wanntorp, L. 2007. Pollinaria of *Hoya* (Marsdenieae Apocynaceae)— Shedding light on molecular phylogenetics. *Taxon* **56**: 465–478.

Wanntorp, L. *et al.* 2014. Wax plants (*Hoya* Apocynaceae) evolution: Epiphytism drives successful radiation. *Taxon* **63**: 89–102.

高橋英樹. 2016. ランの王国. 128p. 北海道大学出版会, 札幌.

コラム1　カギカズラの花に集まる着地訪花性ガ類

船本大智（東京大学大学院理学系研究科）

　花を訪れるガ類は，その形態と行動に基づき，スズメガ類 hawkmoth と着地訪花性ガ類 settling moth という，大きく2つのグループに分けられてきた（Atwater, 2013）。スズメガ類は長い口吻と大きな体をもち，ホバリングによる採餌を行う。着地訪花性ガ類は小・中型で口吻が短く，花に着地して採餌し，ヤガ科，シャクガ科，ツトガ科などが含まれる。着地訪花性ガ類はスズメガ類と比べてはるかに多様だが，着地訪花性ガ類による花粉媒介の研究はスズメガ類のそれと比べて進んでいない（Hahn & Brühl, 2016）。

　日本の植物における着地訪花性ガ類の訪花活動は，ガ類の研究者によって精力的に調査されてきた（池ノ上，1999；池ノ上・金井，2010 など）。例えば，池ノ上・金井（2010）は 177 種の花上で，853 種のガ類の訪花を確認した。しかし，訪花したガ類が実際に花粉媒介に貢献しているかは多くの花で未知である。ここでは，カギカズラ *Uncaria rhynchophylla* という花と着地訪花性ガ類の相互作用に関する研究事例を紹介する。

　カギカズラはアカネ科のツル植物であり，筒状の花が集合した球状の花序をもつ（図 1-a; 北村・村田 1971）。屋久島におけるカギカズラの訪花昆虫の観察によれば，昼間に小型のハナバチが花に訪れるものの，その訪問頻度は低い（Yumoto, 1987）。一方，カギカズラの筒状で淡く黄色い花は，着地訪花性ガ類が花粉媒介する花の特徴に当てはまる（Willmer, 2011）。そこで，淡路島において夜間観察を行ったところ，シャクガ科やツトガ科などの着地訪花性ガ類の訪花が確認できた（図 1-b; Funamoto & Sugiura 2016）。カギカズラの花上で採集したガ類の体表には多量の花粉が付着していたため，ガ類はカギカズラの花粉媒介に貢献していると考えられる。

　日本の植物において着地訪花性ガ類が主要な花粉媒介者だと考えられる種は複数の科で報告されており，キキョウ科（Funamoto & Ohashi, 2017），キョウチクトウ科（Yamashiro *et al.*, 2008; Nakahama *et al.*, 2013; Mochizuki *et al.*, 2017; Sakagami & Sugiura, 2017），サガリバナ科（Tanaka, 2004），ジンチョウ

図1　カギカズラの花（a）を訪れるキマダラオオナミシャク（b）（Funamoto & Sugiura, 2016 を改変）

ゲ科（Okamoto *et al.*, 2008），ラン科（Inoue 1983; Suetsugu & Hayamizu 2014）などが挙げられる。

参考文献

Atwater, M. M. 2013. Diversity and nectar hosts of flower-settling moths within a Florida sandhill ecosystem. *Journal of Natural History* **47**: 2719–2734.

Funamoto, D & K. Ohashi. 2017. Hidden floral adaptation to nocturnal moths in an apparently bee-pollinated flower, *Adenophora triphylla* var. *japonica* (Campanulaceae). *Plant Biology* **19**: 767–774.

Funamoto, D & S. Sugiura. 2016. Settling moths as potential pollinators of *Uncaria rhynchophylla* (Rubiaceae). *European Journal of Entomology* **113**: 497–501.

Hahn, M & C. A. Brühl. 2016. The secret pollinators: an overview of moth pollination with a focus on Europe and North America. *Arthropod-Plant Interactions* **10**: 21–28.

池ノ上利幸・金井弘夫. 2010. 夜間における蛾の訪花活動. 植物研究雑誌 **85**: 246–260.

池ノ上利幸. 1999. 山口県東部における蛾類の訪花行動. 誘蛾燈 Supplement **7**.

Inoue, K. 1983. Systematics of the genus *Platanthera* in Japan and the adjacent regions with special reference to pollination. *Journal of the faculty of science, University of Tokyo: Section III: botany* **13**: 285–374.

北村四郎・村田源. 1971. 原色日本植物図鑑木本編1. 保育社.

Mochizuki, K. *et al.* 2017. Pollinia transfer on moth legs in *Hoya carnosa* (Apocynaceae). *American Journal of Botany* **104**: 953–960.

Nakahama, N. *et al.* 2013. Preliminary observations of insect visitation to flowers of *Vincetoxicum pycnostelma* (Apocynaceae: Asclepiadoideae), an endangered species in Japan. *Journal of Entomological Science* **48**: 1–11.

Okamoto, T. *et al.* 2008. Floral adaptations to nocturnal moth pollination in *Diplomorpha*

(Thymelaeaceae). *Plant Species Biology* **23**: 192–201.

Sakagami, K & S. Sugiura. 2017. Moths and butterflies visiting flowers of *Anodendron affine* (Apocynaceae). *Lepidoptera Science* **68**: 116–118.

Suetsugu, K & M. Hayamizu. 2014. Moth floral visitors of the three rewarding *Platanthera* orchids revealed by interval photography with a digital camera. *Journal of Natural History* **48**: 1103–1109.

Tanaka, N. 2004. Pollination of *Barringtonia racemosa* (Lecythidaceae) by moths on Iriomote Island, Japan. *Annals of the Tsukuba Botanical Garden* **23**: 17–20.

Willmer, P. 2011. Pollination and Floral Ecology. Princeton University Press, Princeton.

Yamashiro, T. *et al.* 2008. Morphological aspects and phylogenetic analyses of pollination systems in the *Tylophora–Vincetoxicum* complex (Apocynaceae-Asclepiadoideae) in Japan. *Biological Journal of the Linnean Society* **93**: 325–341.

Yumoto, T. 1987. Pollination systems in a warm temperate evergreen broad-leaved forest on Yaku Island. *Ecological Research* **2**: 133–145.

第7章　滑る花弁　新しい盗蜜アリ排除機構の発見

武田和也（京都大学生態学研究センター）

はじめに

　植物の花は，野外で最も心躍るイベントの舞台だ。花は動物たちに花粉を運んでもらおうと香りや鮮やかな色で自分の存在をアピールし，ハナバチや蝶などの昆虫は我先にと蜜や花粉を求めて飛び回る。しかし，花にやってくる昆虫は送粉者だけではない。中には受粉をせず，蜜だけを盗んでしまうような訪花者もいる。花はどうやって，こうした招かれざる客人たちを排除しているのだろうか？

1. 実習で出会った「滑る」花

　2014年9月初頭，私は大学の野外実習に参加するために，京都府南丹市にある京大芦生演習林にいた。初秋の花が咲き始める季節だったのを覚えている。当時植物を覚えたてだった私にとって多様性の高い落葉樹林は新鮮そのもので，新しい植物との出会いを楽しむうちに，実習はあっという間に最終日を迎えた。

　その日は自由研究の日で，教員から与えられたテーマの中から選択して，自由に研究をするという内容だった。教員が面白そうな植物を紹介する中で，「大量の蜜がむき出しなのに，全然アリがやってこない花がある」と紹介された植物があった。その教員こそ後の私の指導教員の川北篤先生，そしてその植物こそ，後の研究材料のツルニンジンだった。当時からアリと植物の関係に興味を持っていた私は飛びつき，なぜアリがツルニンジンに寄ってこないのかを研究することになった。

植物にとってのアリ

　アリは，植物にとって「招かれざる訪花者」の代表例だ。ほぼ全世界的に分布し，陸上動物の10～15%という非常に高いバイオマスを示す，すなわ

ち大量にいることから，アリは陸上生態系に大きな影響力をもっている（Beattie & Hughes, 2002）。こうした影響力の強さは，蜜などの報酬をアリに提供することで，さまざまな植物がアリと共生関係を築いてきたという事実からもうかがうことができる。花外蜜腺を介した防衛共生（**第10章も参照**）は100科以上，種子散布共生は80科以上が知られているほどだ（Giladi, 2006; Weber *et al.*,2015）。

　一方で送粉共生では，アリが共生者になることは比較的まれだ（Dutton & Frederickson, 2012）。アリは飛べないため長距離の花粉運搬に適さないこと，体表に抗生物質があって花粉に悪影響を与えてしまうことなどがその要因として考えられている。こうしたことから，花に蜜を求めてやってくるアリは，多くの場合盗蜜者だとみなすことができる。盗蜜アリは，送粉者に与えるはずの花蜜を消費してしまうだけでなく，花を訪れる送粉者を攻撃し追い払ってしまうため，植物の繁殖成功を低下させることが知られている（Tsuji *et al.*,2004; Gonzálvez *et al.*,2013など）。

　こうしたアリの影響を避けるために，植物はアリを花から遠ざけるしくみをもっているのではないかと考えられてきた。実際に，一部の植物では花からアリが嫌がるような匂い物質を放出していることが知られている。こうした忌避物質の放出は現在までで最もよく研究されているしくみだ（Junker & Blüthgen, 2008）。また，花柄に生える腺毛から粘液を分泌するなど，物理的にアリの花への侵入を妨げるような構造をもつものもいる。こうした物理的な障壁もアリを遠ざけるしくみの1つではないかと考えられてきた（Willmer *et al.*, 2009）。ツルニンジンにもこうしたしくみがあるのではないだろうか。

ツルニンジンの観察

　ツルニンジンは9〜10月ごろに開花するつる性の植物で，白い釣鐘型の花をしている。送粉者は，珍しいことに，スズメバチ（キイロスズメバチやコガタスズメバチ）である（図1-a, c）。スズメバチは，ハナバチなどのように長い中舌をもたない。そうした送粉者に対応し，ツルニンジンは露出した形で蜜をもっていて，花の中をのぞくと基部の短い距に溜まった蜜の水滴が見える（図1-b）。このように露出した蜜はアリによる盗蜜を受けやすいように思えるが，川北先生が紹介されたように自然状態でアリが盗蜜に来ることはあまりない。アリを排除する，何らかのしくみがあるのではないだろうか。

図1　ツルニンジンの花と送粉者
a: ツルニンジン。**b**: 花弁を一部切り取り，花の内部を観察。矢印の先に，蜜腺に溜まった蜜のしずくが見える。**c**: ツルニンジンを訪花するキイロスズメバチ。花粉が付着した胸部背面が柱頭に接しているのがわかる。

　最初に立てた仮説は「蜜や花に忌避物質がある」というもので，それを検証するために花を切り取ってクロオオアリの巣の前に置き，しばらく観察することにした。ところが，しばらくするとアリがやってきて蜜を舐め出した。どうやら，花にも蜜にも忌避物質はなく，蜜は普通に食べられてしまうらしい。この仮説は棄却できそうだ。

　アリがツルニンジンの蜜を好むのだとしたら，なぜ花の中には入ってこないのだろうか？　そんなことを考えながら観察をしていたところ，アリが花弁の上で歩きにくそうな仕草をしているのに気づいた。最初は単に道に迷ったりしているのかと思ったが，よく見ると，歩こうとしているが脚が空回りしているようだ。試しに，上向きにした花の中にアリを入れてみた。アリはすぐに外に出ようと花弁を登りだす。……滑った！　疑念は確信に変わった。ツルニンジンの花弁の上を，アリは登ることができない！

　忌避物質の放出以外のアリ排除機構についての研究は少ない。さらに，滑りやすく昆虫が歩けない花弁は，訪花昆虫を花に溜まった液体に落として体を濡らし，飛べないようにして花粉へと誘導するバケツラン（Gerlach & Schill, 1989）などのような一部の花でしか報告がない。自由研究の成果を発表した後，先生からは「ぜひとも論文にしよう！」と言っていただき，滑る花弁が盗蜜アリの侵入を妨げ，アリ排除機構として機能しているという仮説を検証する運びとなった。最初は簡単な現象の報告という形の論文を目標として，自由研究をともに行った先輩と一緒に研究をしていたが，研究が長引き，ちょうど卒業研究のテーマを決める時期になっていた私が本格的に引き

継ぐことになった。

2. 花は本当に滑るのか？

アリを歩かせてみる

　最初に取り組んだのが，ツルニンジンの花弁は本当に滑りやすくなっているのか，もしそうだとしたらどのようなしくみで滑るのかという疑問だ。

　表面が滑る植物として，おそらく最も有名な例が食虫植物のウツボカズラだろう。捕虫葉と呼ばれる壺型に変形した葉の内側はツルツル滑って昆虫が歩けないようになっていて，中に迷い込んだ昆虫を捕まえるのに役立っていると考えられている。この捕虫葉の滑りやすい表面は，表面に微細なワックス epicuticular wax 結晶がびっしりと存在することによってつくられていることが報告されている（Gaume *et al.*, 2002）。昆虫が捕虫葉を登ろうとした際，ワックス結晶が剥がれ落ちて昆虫の跗節にくっついたり，結晶による微細な凹凸によって昆虫の跗節と植物表面との接着面積が小さくなったりするために滑り落ちてしまうそうだ（Gaume *et al.*, 2002; Gorb & Gorb, 2017）。ウツボカズラ以外にも，こうした表面ワックスによる滑る表面はアリ植物のオオバギの仲間（共生アリだけが枝を登ることができる（Federle *et al.*, 1997））など，複数の植物で報告されている。

　そこで，ツルニンジンでも同様に表面ワックスが滑る要因ではないかと考え，アリに花弁上を歩かせる行動実験で検証することにした。表面ワックスはヘキサンで拭き取れる。未処理花弁とヘキサン拭き取り後の花弁とで結果を比較すれば，表面ワックスと滑りやすさの関係を見ることができるだろう。アリは生息地の周辺の植物で実際に盗蜜を行っていたアリ（アメイロアリ，アミメアリ，クロヤマアリ）を使用した。外壁は下向きの花の基部に，内壁なら上向きにした花の内部にアリを置いて，アリが花弁を歩く過程で滑り落ちるか歩ききるかを記録した（図2）。

　結果は図3のグラフに示してある。外壁，内壁いずれも，未処理の花弁上ではすべてのアリが高確率で滑り落ちた（図4動画）。一方で，ヘキサンで拭き取ってやるととたんにアリは滑らなくなり，いずれの組み合わせでも有意に滑る確率は減少した（図3，二項分布を用いたマクネマー検定（Takeda *et al.*, 2021））。このことから，ツルニンジンの花弁は，ヘキサンで拭き取ると

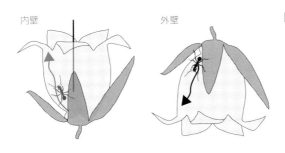

図2　歩行実験のイメージ

内壁　　外壁

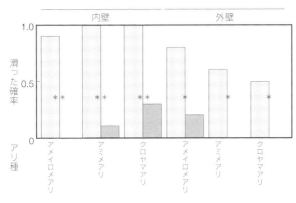

ツルニンジン（n = 10）

図3　歩行実験結果

(Takeda *et al.*, 2021 による)
ワックス除去によって
アリは花弁上を歩ける
ようになる。
□：未処理花弁
▨：ワックス処理花弁
＊：P < 0.05
＊＊：P < 0.01

破壊される構造によって，アリにとって滑りやすくなっていると推測できる。

　また，この実験の結果から面白いことがわかった。内壁の実験では，花弁の基部付近ではどのアリも難なく歩けるのだが，入口付近になった途端，脚が空回りして滑ってしまうのだ（図4動画）。どうやら，ツルニンジンの花弁は全体が滑るのではなく，外壁と内壁端部（入口付近）は滑るものの，内壁基部は滑らないという構造になっているらしい（図4）。

電子顕微鏡で実際に見てみる

　行動実験の結果はヘキサンで拭き取られる表面ワックスが滑るしくみである可能性を示す。だが，もっと直接的な証拠がほしい。ウツボカズラなどの先行研究から，滑る表面が表面ワックスの結晶による場合，走査型電子顕微鏡で表面を観察することで，微細な結晶を確認できることがわかっている。そこで，走査型電子顕微鏡による観察も行ってみることにした。採取した花

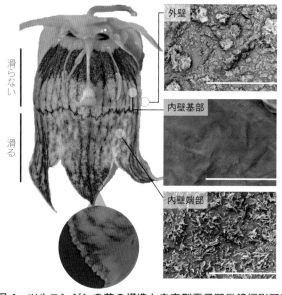

外壁

動画
アリの歩行実験
外壁では？

内壁基部

動画
アリの歩行実験
内壁では？

内壁端部

＊二次元バーコードから
実験動画を再生可能。実
験では，花を切り離して
上下逆さに設置してい
る。

スケールバー＝ 20 μm

図4　ツルニンジンの花の構造と走査型電子顕微鏡撮影写真 (Takeda *et al.*, 2021 を改変)
滑る領域（外壁，内壁端部）には微細なワックス結晶が見られる一方で，滑らない領域（内壁基部）にはワックス結晶が見られない。花弁の縁には凸凹した構造が見られ，送粉者が訪花の際に捕まれるようになっている。

弁を冷凍，凍結真空乾燥した後に金でコーティングし，走査型電子顕微鏡（TM-3000，日立）で観察した結果が，図4である。

　結果は一目瞭然で，花弁の外壁と内壁端部の滑る領域にはびっしりとワックス結晶が確認できた一方で，滑らない内壁基部には結晶は全く見られなかった（Takeda *et al.*, 2021）。また，ヘキサン拭き取りの後ではこうした結晶構造が消失することも確認でき，花弁が滑るか滑らないかとワックス結晶の有無はきれいに関連していることがわかった（Takeda *et al.*, 2021）。行動実験の結果や先行研究の例なども考慮すると，ツルニンジンの花弁は表面ワックスの結晶によって滑りやすくなっていると考えられる。

3. 滑る花を求めて

　ツルニンジンの花は表面のワックス結晶による滑りやすい花弁をもっていることが明らかになった。では，こうした滑る花弁はツルニンジンだけの特殊な形質なのだろうか。上述のような表面ワックスによる滑る表面は，茎や

図5　コシノコバイモの花と送粉者
a: コシノコバイモ。**b**: 花弁を一部切り取り，花の内部を観察。矢印は花被片中央の蜜腺を示している。**c**: コシノコバイモを訪花するヒメハナバチ。

葉では多数の報告がある（Stork 1980; Gaume *et al.*,2002 など）ものの，花についてはごく一部の花を除いて報告例がない（Gerlach & Schill 1989; Bräuer *et al.*,2017）。むしろ，花弁は送粉者に対して足場となることから，送粉者がつかまりやすい構造が進化するというのが花弁表面に対する一般的な見方だ。例えば，動物媒の花では円錐型細胞 conical cell という細胞をもつことで，凸凹を増やして送粉者がつかまりやすくするという適応がさまざまな系統で存在している（Whitney *et al.*,2009; 2011）。一方で，表面ワックスのような形質は肉眼では識別が難しいことから，これまで見落とされてきた可能性も考えられる。ツルニンジンの他にも滑りやすい花弁をもつ植物があるのではないだろうか？　こうした疑問から，ツルニンジンの発見以降，他の植物について似たような滑る花がないのかを探す日々が始まった。

　盗蜜アリの排除機構ということを考えると，ツルニンジンと同様に蜜腺の露出した花で同じようなしくみがみつかるかもしれない。こうして露出した蜜腺に注目してさまざまな植物を調べるうちに，1つの植物が浮上した。ユリ科のコシノコバイモである（図5-a）。コシノコバイモは単子葉類で，キキョウ科で双子葉類のツルニンジンとは系統的に全く異なるものの，ツルニンジン同様に釣鐘型の花を持ち，花をのぞくと花被片中央に緑色のライン状の蜜腺が露出しているのが確認できる（図5-b, c）。これは怪しい。早速観察を行った。

コシノコバイモ

コシノコバイモは春植物（スプリング・エフェメラル）と呼ばれる植物の

1つで，春先，雪解け直後に芽生え，花を咲かせ，夏前には結実し，地上部を枯らして次の春が来るまで休眠するという変わった生活史を持っている。4月初旬，まだ山裾には雪がちらほら残る中，生息地の石川県まで会いに行くと，林床近くで並んで生えている集団を見つけた。暖かい日には周辺でアリが盛んに採餌しており，いかにも盗蜜のもたらす淘汰圧は大きいように思われた。早速，簡易吸虫管を使ってあたりにいたアリ（ケアリ属）を捕まえ，花に乗せてみる……アリはコロッと転げ落ちた。偶然かもしれないと思い，再度……やはり滑り落ちた！　ツルニンジンと全く同じ光景である。これには指導教員の川北先生と2人して驚いた。コシノコバイモも同様に滑る花弁を持っている！　すぐにツルニンジン同様に歩行実験と電顕観察を行ったところ，ツルニンジン同様に表面ワックスによってコシノコバイモの花被片も滑りやすくなっていることが明らかになった。コシノコバイモの花被片には針状の微細な結晶がびっしり存在しており（図6），未処理花弁上でアリは高確率で滑り落ちる。一方で，ヘキサンで拭き取るとこうした結晶は破壊され，アリは歩けるようになった（図7，Fisher の正確確率検定（Takeda *et al.*, 2021））。

3番目が見つからない！

　コシノコバイモでも同じような現象が見つかったことは，滑る花弁の可能性を大きく広げた。ツルニンジンとコシノコバイモは類縁関係が遠いので，こうしたしくみはツルニンジンだけに限ったものではなく，他にもいろんな植物で見つかるかもしれない。そこで，コシノコバイモでの発見以降，同様に釣鐘型の花や蜜腺が露出した花を中心にさまざまな花に注目し，アリを乗せては花弁の滑りやすさを調べ続けた。

　しかし，滑る花弁はなかなか見つからない。釣鐘型や下向きの筒状の花をもつ種でも，多くの場合アリは難なく歩くことができる。よく観察すると，こうした花弁には凹凸があることが多いこともわかった。釣鐘型をしているからといって，必ずしも滑るしくみを身につけているわけではなさそうだ。

　滑る花弁をもつことで盗蜜アリの侵入を防げると考えられるが，一方で，送粉者が花に捕まりにくくなってしまい，花の魅力が低下するかもしれない。つまり，盗蜜アリに対する防衛機能と，送粉者の誘引機能の間には「あちらを立てればこちらが立たず」というトレードオフ関係が存在する可能性があ

る。ひょっとすると，多くの植物では足場を提供することで花を送粉者にとって魅力的にするという，足場機能の重要性が大きいのかもしれない。滑る表面ワックスがどの程度一般的に存在しているのか，またどのような背景で進化したのかについては，依然わかっていない。

4. 滑る花弁はアリの侵入を妨げるか

　これまでの研究から，ツルニンジンやコシノコバイモの花弁（花被片）表面にはワックス結晶があり，そのためにアリは表面を歩くことができないことがわかった。では，こうした滑る花弁は実際にアリの花への侵入と盗蜜を阻止しているのだろうか。これまでにもさまざまなアリ排除機構が提唱されてきたが，実際にアリを排除していることまでを実験的に示した研究は少ない。それを確かめることは，滑る花弁の機能を考えるうえで重要なステップだ。そこで修士課程からは，その生態学的意義について，野外集団で検証することになった。

どうやって調べよう？

　野外で植物の形質の機能を検証する手法はさまざまだ。例えば，形質の異なる個体間（あるいは集団間，種間）で結果を比較する方法がある。本研究の場合だと，滑りやすさの異なる個体間で比較を行い，盗蜜の起こりやすさ（盗蜜の頻度など）を比較する研究がこれに当たる。他には，注目する形質について実験的に操作してやり，処理間で結果を比較する方法もある。その操作の方法としても，もともとなかった形質を加える（滑らない花に人工的に滑りやすくする処理を施す），もともと存在する形質をなくす（滑る花に滑らなくする処理を施す）場合など，いろいろな方法が考えられる。特に生態学では参考にできる先行研究がないような植物や現象を扱うことも多く，こうした多様な手法の中から対象とする種の特質や準備できる個体の数，手法ごとの長所や短所，得られる結論の重要さなど，さまざまな要因を考慮して適切な実験デザインを選択する必要がある。

花に橋を架けてやる

　本研究で扱う滑る花弁は，その形質値（滑りやすさ）を数値で表すのがむずかしい（定量しにくい）という特性があった。そのため，野外集団で滑り

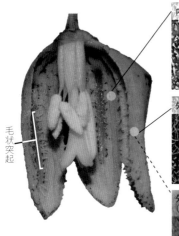

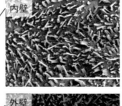

図6 コシノコバイモの花の構造と走査型電子顕微鏡撮影写真（Takeda *et al.*, 2021 を改変）
花片両面に微細なワックス結晶がみられるが，ヘキサン処理によって破壊される。また腺の脇と外花被片の縁には毛状突起が存在する。

スケールバー＝ 20 μm

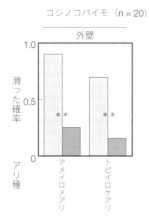

コシノコバイモ（n = 20）

外壁

滑った確率

アリ種

図7 コシノコバイモ歩行実験結果（Takeda *et al.*, 2021 を改変）
ワックス除去によってアリは花被片上を歩けるようになった。
□：未処理花弁
▨：ワックス処理花弁
＊：P < 0.05
＊＊：P < 0.01

やすさの異なる個体間を比較するといった手法は難しい。そこで，滑る花と滑らなくする処理を施した花を用意し，盗蜜の起こりやすさが変化するかを比較する操作実験が望ましいのではないかと考えた。最初に思いついたのは，行動実験で用いた，ヘキサンでワックスを拭き取るという方法である。ワックスを除去してアリが歩けるようになった花と滑る花とで，アリによる盗蜜を比較するのはわかりやすい実験だ。しかし，ヘキサン拭き取りをした花は数時間後にはしぼんで枯れてしまうため，短時間で完結する行動実験には使

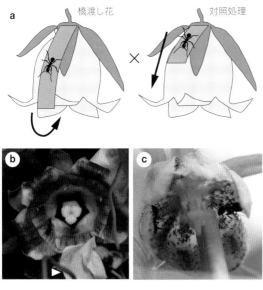

図8　橋渡し実験のイメージ

a: アリが花内に侵入できる「橋」を人工的にセットした。人工物を花の近くに置くこと自体が影響を及ぼす（人工物にアリが寄ってくる、など）可能性を排除するため、対照処理花にも同じ人工物をセットしている。**b**: マスキングテープ（△）で花柄と橋渡ししたツルニンジンの花。**c**: 竹串で地面と橋渡ししたコシノコバイモの花。

えても，長期間観察するような実験では使えない。

　そこで，人工的に花の上に「橋」を作ってやり，それを伝ってアリが花の中まで侵入できるようにするという処理を採用した（図8）。ツルニンジンの場合は花内部の滑らない領域（内壁基部）から花柄までマスキングテープを貼り，コシノコバイモは背丈が低いので，地面から花の内部まで竹ひごをかけてやり，それを伝って侵入が可能なようにした。こうした実験では，その処理が本当に効果があるかどうかを確認するための比較対象（対照処理）を設ける必要がある。そこで，テープや竹ひごを同様に設置するが，花内部まで通していない，いわば未完成の橋を架けた花を対照処理とした。

　橋渡し処理は花弁が滑らなくなった場合の代わりということになる。橋渡し処理をした花で対照処理に比べてより頻繁に盗蜜が見られたら，滑る花弁は花内部への経路をなくすことで盗蜜アリの侵入を阻止していると考えられる。こうした処理を施した後，2日間に渡り，一定時間ごとに（ツルニンジンは90分，コシノコバイモは60分），花内に盗蜜アリがいるかどうかと，その個体数，アリの種を記録した。

滑る花弁はアリを防いでいた

　実験の結果，ツルニンジン，コシノコバイモともに，対照処理花ではほと

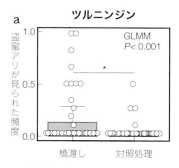
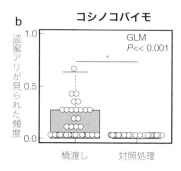

図9 橋渡し実験結果 (Takeda *et al.*, 2021 を改変)
a: ツルニンジン。**b**: コシノコバイモ。橋渡しした花では盗蜜の頻度が増加する。

んど盗蜜が生じない一方で，橋渡しをすると有意に頻繁に盗蜜アリが観察された（ツルニンジン：図9-a，GLMM，P＜0.001; コシノコバイモ：図9-b，GLM，P＝0.001（Takeda *et al.*, 2021））。一度以上盗蜜が確認された花は，対照処理では10%（ツルニンジン），5.1%（コシノコバイモ）であったのに対し，橋渡し処理では28%（ツルニンジン），45%（コシノコバイモ）に上昇した。こうした結果から，滑る花弁は盗蜜アリの侵入を妨げていると考えられる（Takeda *et al.*, 2021）。

　実際，野外で観察していると，時折盗蜜を受けているツルニンジンやコシノコバイモの花を見ることがある。こうした場合，多くは周りの植物体や自分の葉などが花に触れており，それを「橋」にしてアリが侵入可能になっていたりする。数秒からせいぜい数十秒で出ていく飛翔性昆虫の訪花者と異なり，アリは一度訪花すると数分から数十分間に渡って花内に滞在するうえ，一度見つけた餌場には他の働きアリとともに繰り返し訪花する習性がある。滑る花弁はこうしたアリによる花の「占領」を防いでいると考えられる。

5. 盗蜜アリは送粉に悪影響をもつか

　これまでの研究から，ツルニンジンとコシノコバイモの花では，表面ワックスによる滑る花弁によって盗蜜アリの侵入が妨げられていることが明らかになった。では，そもそも盗蜜アリはこれらの植物の繁殖成功に何か影響を与えているのだろうか。コシノコバイモでは実験できていないが，ツルニンジンについて盗蜜アリの影響を調べた結果を紹介したい。

　これまでにも多くの研究が，盗蜜アリが植物の送粉成功に負の影響を与え

ていることを報告している。そのメカニズムとしては，

①盗蜜アリが蜜を消費してしまう（Fritz & Morse, 1981）

②盗蜜アリが放出する抗生物質が花粉の活性を低下させる（Galen & Butchart, 2003）

③盗蜜アリが送粉者を攻撃することで，送粉者の訪花頻度が低下する（Tsuji *et al.*, 2004 など）

といったものが知られている。このうち，③の送粉者の排除を介した影響については特に報告例が多く，盗蜜アリによる主要な負の影響と言える。例えば，Tsuji ら（2004）は，ツムギアリという樹上性で攻撃性の高いアリが訪れる花では送粉者の訪花頻度が低下し，アリがいない花に比べて結果率が低下することを報告している。一方で，Gonzálvez ら（2013）は，同じツムギアリの影響に注目したところ，小型のアオスジハナバチ *Nomia* はアリによる干渉の影響を強く受け，訪花頻度が低下したものの，大型のクマバチ *Xylocopa* はこうした影響を受けなかったと報告しており，送粉者の種間でもアリに対する応答性に違いがあることを指摘している。では，ツルニンジンの送粉者であるスズメバチは，アリによる干渉に対してどのように応答するのだろうか。

アリを花に固定する

最初の問題は，どのような実験をするかである。まず考えられるのが，人工的に花内部にアリを入れてやり，送粉者の訪花行動や花の繁殖成功を記録するという方法だ。アリによる訪花者への影響を調べた先行研究では，殺したアリをピンで花序に固定するなどの処理が用いられている（Isassi & Oliveira, 2018）。そこで，予備的に実験を行ったところ，生きたアリを入れた花では送粉者にアリを嫌がるような仕草が見られた一方で，殺したアリではほとんど送粉者の行動に変化が見られなかった。どうやら，アリがいるという視覚情報よりも，より直接的な干渉による影響のほうが大きいと思われる。そこで，生きたクロヤマアリに糸を結びつけ，花内に固定するという処理を採用した。

生きたアリに糸を結びつける作業は，一見とても難しそうだが，慣れると意外に簡単である。後脚をつまんでやるとアリは逃げ出そうと体をピンと伸ばすので，糸の輪を頭から通してやり，胸部と腹部のくびれあたりではずれ

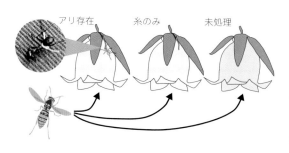

図10　アリ提示実験のイメージ図
生きたアリを糸で花内に固定して、訪花する送粉者を観察した。アリではなく糸自体がスズメバチの行動に影響を与える可能性を棄却するため、対照処理は「糸のみ」と「未処理」の2つの処理を設けている。

ない程度に締めてやる。最初は苦戦したものの，慣れてくれば1頭あたり1分程度でできるようになった。こうしてアリをつないだ糸のもう片方の端を縫い針に通し，花の基部から外に出して花柄にくくりつければ，糸でつながれたアリが蜜腺のある基部付近に滞在している状態を作れる（図10）。対照処理として糸だけを固定した花と，未処理の花を用意し，訪花するスズメバチの行動と，最終的な繁殖成功として結果率と結実率を記録した。

送粉者が出ていく

実験の結果，予備実験で見られた通り，送粉者のスズメバチは花内でアリに出くわすと即座に後ろに下がり，そのまま出ていってしまうことがわかった。結果として、平均滞在時間は未処理花で10.2秒，糸のみの花で10.1秒であったのに対してアリ存在花では6.6秒と，他2処理よりも短くなった。この差はアリ存在花と糸のみの花の間では統計的に有意だったが（図11-a，GLMM，$P=0.04$），未処理花とアリ存在花の間では有意差が見られなかった（GLMM，$P=0.16$）。1年目の実験ではアリ存在花と糸のみの花しか用意しておらず，未処理花のデータは2年目のデータのみであったことから，サンプル数が十分でなかったのかもしれない。

正常な訪花行動では，スズメバチはまず花弁の縁の突起（図4，丸囲み部）に捕まり，前脚を伸ばして滑らない領域に足をかけ，中に侵入する。そして，5つの蜜腺を巡り，花内でぐるぐると周る。このときスズメバチの背中はちょうど柱頭や花柱（花粉が葯から預けられている）に接触するため，このぐるぐる回る行動の最中に授受粉が成立する（図1-c）。しかし，アリがいる花では侵入まで同様のパターンを示すものの，採餌行動の途中でアリに出くわ

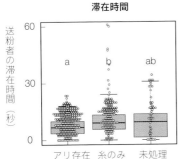
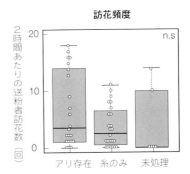

図11　アリ提示実験の結果 (Takeda *et al.*, 2021 を改変)

アリ存在花では滞在時間が減少するが，訪花頻度は変化しなかった。二次元バーコードからスズメバチの行動を撮影した動画を再生可能。

動画
スズメバチの訪花行動
アリがいない場合

動画
スズメバチの訪花行動
アリがいる場合

表1　アリ提示実験での繁殖成功比較

処理	結果率 (%)	結実率 (平均 ± SD)
未処理	0.46 (n = 52)	0.59 ± 0.22 (n = 18)
糸のみ	0.43 (n = 37)	0.51 ± 0.29 (n = 14)
アリ存在	0.38 (n = 34)	0.47 ± 0.27 (n = 13)

した瞬間に中断してしまう。送粉に最も重要な時間であるこの採餌行動の中断は，ツルニンジンの送粉成功に負の影響を与えている可能性がある。

繁殖成功は変わらない

　一方で，先行研究のパターンとは異なり，アリ存在花の訪花頻度は他の処理と同程度であった（図11-b，GLMM，P＞0.05（Takeda *et al.*, 2021））。アリの存在によって訪花を中断したスズメバチは，しばらくするとまた同じ花に戻ってきてはアリに驚いて出ていく。アリの干渉は短期的には訪花行動を中断させるが，長期的な影響は与えないらしい。また，繁殖成功についても，アリ存在花は他の処理に比べてやや低い値を示したものの，処理間で有意な違いは見られなかった（表1，GLMM，P＞0.05）。

野外研究のむずかしさと楽しさ

　以上の結果から，この実験では盗蜜アリによる繁殖成功への負の影響をはっきり確認することはできなかった。しかし，行動観察から，少なくとも花内のアリがスズメバチによる正常な訪花行動を妨げ，滞在時間を減少させることは明らかになった。送粉者の訪花行動の変化は必ずしも植物の繁殖成功を変化させるわけではない。例えば，実験に使用したツルニンジン個体群では送粉者による花粉の移動は十分であり，種子をつくるために必要な栄養分が制限されていたなどの他の要因によって結実が規定されていたのかもしれない。実験処理が十分にアリの影響を再現できていなかった可能性も考えられる。この研究では糸で結ぶという処理の問題上，比較的大型なクロヤマアリ1頭を使用した。確かにクロヤマアリは盗蜜アリのリストには含まれるものの，最も主要な盗蜜アリは小型のアメイロアリで，普通単独で訪花するクロヤマアリとは対照的に5〜10頭程度の群れで訪花する。こうした違いによっても，アリの種ごとにスズメバチの応答は変化するかもしれない。盗蜜アリによるスズメバチの訪花行動の中断が繁殖成功にどのように影響を与えるのかについては，さらなる検証が必要だ。

　研究の難しさ（そして重要さ）はこういった「うまくいかない」ことがよく生じることにあるだろう。特に花の調査は年に1度の調査期にすべてを行う必要があり，その中で可能な努力量，可能なサンプルの数，可能な処理からできる限りのことをするしかない。別の植物などで練習はできても，実際の材料を扱う「本番」の機会は限られており，やり直そうと思ったら，その次は1年後である（修士課程の学生にとって，チャンスはたったの2回だ！）。花期が終わったあとになって，「本当にこの実験で良かったのだろうか」「もっと良い方法はなかっただろうか」などと考えだすと夜も眠れない。でも，こうした地道な野外実験を通してでしか明らかにならないこともある。例えば，盗蜜アリによる干渉がスズメバチの滞在時間は減少させるものの，長期的に訪花頻度の減少を引き起こさないことなどは，野外でやってみるまでは決してわからなかった。盗蜜アリごとに送粉に与える影響が異なる可能性も見えてきた。こうした地道な実験，そして表には出てこない試行錯誤と工夫を繰り返すことで，1つ1つ隠れた関係性と実態を明らかにするのが野外研究の醍醐味なのだろう。

おわりに

　これまでの研究から，ツルニンジンとコシノコバイモという2種の植物で，表面ワックス結晶による滑りやすい花弁というものを発見することができた。野外実験の結果からは，それが花を占拠する盗蜜アリの侵入を妨げる効果があると考えられる。盗蜜アリが植物の繁殖成功にどの程度負の影響をもつかは明らかでないものの，少なくとも送粉者の訪花行動を中断させ，送粉にとって重要と考えられる花内での滞在時間を減少させることが明らかになった（Takeda *et al.*, 2021）。

　興味深いことに，こうした滑る花弁は，それぞれの送粉者であるスズメバチやヒメハナバチの侵入は妨げない。これは，花内部に「足場」が存在するためだと考えられる。ツルニンジンでは花内部に滑らない領域が存在する（内壁基部，図4参照）し，コシノコバイモの花被片は両面が滑るものの，外花被の縁と蜜腺の両脇に毛状の突起が存在する（図6）。実際に送粉者の行動を観察しても，ツルニンジンを訪花するスズメバチは花弁の縁につかまった後，体を伸ばして滑らない領域まで足をかける行動がみられる。体の大きなスズメバチは入口付近の滑る領域をまたげるが，盗蜜アリはまたぐことができないのでたとえ外壁を突破しても侵入は難しい。コシノコバイモについては花内部での送粉者の訪花行動は十分に観察できていないが，同様に花内部の突起が，送粉者が捕まるための足場となっていると考えている。こうした滑る花弁と花内部の足場は合わさることで，送粉に貢献しない盗蜜アリを排除する一方で，送粉者は受け入れるという効率的な訪花者選別機構になっていると考えられる。

　動物媒花に見られる驚くべき多様性は，主に特定の送粉者を誘引し，効率よく送粉を行わせるための適応の結果だと考えられてきた。青や紫，黄色などの鮮やかな花弁や，多様な花香成分は特定の送粉者に対して花の存在をアピールし，長い花筒や距などの構造は効率的に訪花者に花粉を付着させることに寄与している。

　しかし，花を訪れる動物は何も送粉者だけではない。色鮮やかで目立つ花は，花の組織や未熟な種子を食害する植食者や，送粉を行わずに蜜だけを盗んでしまう盗蜜者なども誘引してしまう。こうした存在は時に繁殖成功に大きな負の影響をもつ（Irwin *et al.*, 2004）。私たちの研究やその関連研究が示す

のは，特定の送粉者は誘引する一方で，付随して呼んでしまう招かれざる存在を同時に排除するという，相反する2つの目的を反映した花の見方である。
　こうした相反する淘汰圧は，より複雑な花の適応を生み，被子植物の花の多様性が生まれる要因となっているのかもしれない。しかし，送粉者に対する適応は古くから注目を集めてきたのに対し，招かれざる訪花者をどのように植物が排除しているのかについてはまだ多くが謎に包まれている。植物たちは，一体どのようにしてこうしたジレンマを扱ってきたのだろうか。どんな隠れた排除機構が眠っているのだろうか。そうした隠れた機能が少しずつでも明らかになっていった果てには，また違った花の実態が見えてくるのかもしれない。

引用文献

Beattie, A. J. & L. Hughes. 2002. Ant-plant interactions. *In*: Carlos M. Herrera, C. M. & O. Pellmyr (eds.) Plant-Animal Interactions: An Evolutionary Approach, pp. 211–235. Blackwell Science, Oxford.

Bräuer, P. *et al*. 2017. Attachment of honeybees and greenbottle flies to petal surfaces. *Arthropod-Plant Interactions* **11**: 171–192.

Dutton, E. M. & M. E. Frederickson. 2012. Why ant pollination is rare: new evidence and implications of the antibiotic hypothesis. *Arthropod-Plant Interactions* **6**: 561–569.

Federle, W. *et al*. 1997. Slippery ant-plants and skilful climbers: selection and protection of specific ant partners by epicuticular wax blooms in *Macaranga* (Euphorbiaceae). *Oecologia* **112**: 217–224.

Fritz, R. S. & D. H. Morse. 1981. Nectar parasitism of *Asclepias syriaca* by ants: Effect on nectar levels, pollinia insertion, pollinaria removal and pod production. *Oecologia* **50**: 316–319.

Galen, C. & B. Butchart. 2003. Ants in your plants: effects of nectar-thieves on pollen fertility and seed-siring capacity in the alpine wildflower, *Polemonium viscosum*. *Oikos* **101**: 521–528.

Gaume, L. *et al*. 2002. Function of epidermal surfaces in the trapping efficiency of *Nepenthes alata* pitchers. *New Phytologist* **156**: 479–489.

Gerlach, G. & R. Schill. 1989. Fragrance analyses, an aid to taxonomic relationships of the genus *Coryanthes* (Orchidaceae). *Plant Systematics and Evolution* **168**: 159–165.

Giladi, I. 2006. Choosing benefits or partners: a review of the evidence for the evolution of myrmecochory. *Oikos* **112**: 481–492.

Gonzálvez, F. G. *et al*. 2013. Flowers attract weaver ants that deter less effective pollinators. *Journal of Ecology* **101**: 78–85.

Gorb, E. V. & S. N. Gorb. 2017. Anti-adhesive effects of plant wax coverage on insect attachment. *Journal of Experimental Botany* **68**: 5323–5337.

Irwin, R. E. *et al*. 2004. The dual role of floral traits: pollinator attraction and plant defense. *Ecology* **85**:1503–1511.

Isassi, J. I., and P. S. Oliveira. 2018. Indirect effects of mutualism : ant – treehopper associations deter pollinators and reduce reproduction in a tropical shrub. *Oecologia* **186**: 691–701.

Junker, R. R. & N. Blüthgen. 2008. Floral scents repel potentially nectar-thieving ants. *Evolutionary Ecology Research* **10**: 295–308.

Stork, N. E. 1980. Role of waxblooms in preventing attachment to Brassicas by the mustard beetle, *Phaedon cochleariae*. *Entomologia Experimentalis et Applicata* **28**: 100–107.

Takeda, K. *et al*. 2021. Slippery flowers as a mechanism of defence against nectar-thieving ants. *Annals of Botany* **127**: 231-239.

Tsuji, K. *et al*. 2004. Asian weaver ants, *Oecophylla smaragdina*, and their repelling of pollinators. *Ecological Research* **19**: 669–673.

Weber, M. G. *et al*. 2015. World list of plants with extrafloral nectaries. http://www.extrafloralnectaries.org

Whitney, H. M. *et al*. 2011. Why do so many petals have conical epidermal cells? *Annals of Botany* **108**: 609–616.

Whitney, H. M. *et al*. 2009. Grip and slip: Mechanical interactions between insects and the epidermis of flowers and flower stalks. *Communicative & Integrative Biology* **2**: 505–508.

Willmer, P. G. *et al*. 2009. Floral volatiles controlling ant behaviour. *Functional Ecology* **23**: 888–900.

第8章　ところ変われば送粉者も変わる。
哺乳類媒ウジルカンダの送粉システム

小林 峻（琉球大学理学部）

はじめに

　送粉者として私たちが思い浮かべる動物といえば，蜜を求めて花に集まるハチやチョウなどの昆虫，あるいは鳥だろう。実際に，動物に送粉を託している被子植物の大半は，昆虫や鳥に送粉されている。しかし，昆虫でも鳥でもなく，哺乳類だけに頼る植物もある。例えばコウモリは，夜空で昆虫を捕えているイメージが強いが，なかには果実や花蜜を主食とするものがおり，そのようなコウモリを送粉者とするコウモリ媒植物は多く知られている。その他にも，報告例は少ないが，ネズミやフクロネズミなどの地上性哺乳類に送粉されるものや，サル，フクロネコ，リスなどの樹上性哺乳類に送粉されるものもある。哺乳類に花粉を運ばせる植物の花や花序はとりわけ大型で，強い匂いを放つものが多く，独特の風格がある。本章では，哺乳類媒花を進化させたウジルカンダ *Mucuna macrocarpa* という植物の巧妙な送粉メカニズムと，哺乳類媒植物では初めての例となった送粉者の地域変異について紹介したい。

1. 哺乳類媒植物との出会い

　日本の多くの地域では卒業式や入学式の時期の花と言えばサクラと答える人が多いのではないだろうか。しかし，沖縄ではサクラ（日本で最も有名なソメイヨシノ *Cerasus* × *yedoensis* ではなくカンヒザクラ *C. campanulata*）は1月から2月に開花する冬の花であり，入学式の時期には既に赤い実をつけている。沖縄島ではこの時期に別の花が咲く。琉球大学にはキャンパスの中心に千原池という大きな池がある。入学式の時期，ここにかかる橋を渡ると何とも形容し難い異様な匂いが漂ってくる。匂いのもとはなかなか見つからない。実は，匂いは橋の下から漂ってきているのである。橋の脇を降りていくと，アカギ *Bischofia javanica* の大木に太いつるが巻き付いているのが目に

図1　ウジルカンダの花序

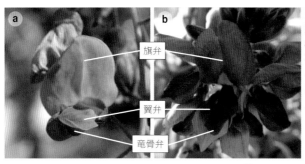

図2　マメ科の花「蝶型花」の構造
a: フジの花，**b**: クズの花，**c**: 送粉者が訪花する前の状態の花の模式図，**d**: 送粉者が訪花した後の花の模式図

旗弁

翼弁

竜骨弁

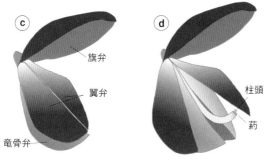

旗弁

翼弁

竜骨弁

柱頭

葯

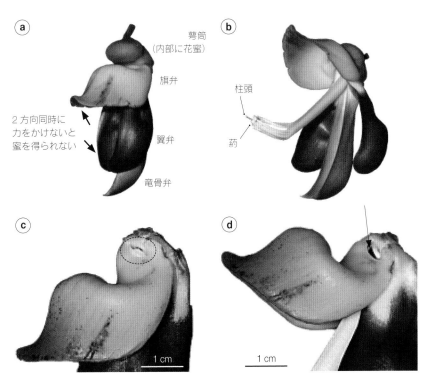

図3　裂開前後のウジルカンダの花と萼筒を取り除いた部分の拡大図
裂開前には雄しべと雌しべが露出していないが（**a**），裂開後にはそれらが露出する（**b**）。
成熟した花の萼筒の内側には，花蜜が溜まっている。萼筒を取り除くと，旗弁の付け根に
フック状の構造がある（**c** 点線内）。裂開前はこれにより花蜜の流出が防がれているが（**c**），
裂開すると隙間ができ（**d** 矢印部分），花蜜が流れ出る。

入る。そのつるには7 cm ほどの大きさの紫色の花を 20〜30 個もつけた花
序が大量に垂れ下がっている。匂いの発生源，ウジルカンダ（沖縄地方名：
イルカンダ，大分地方名：カマエカズラ）である（図1）。ウジルカンダは，
熱帯の東南アジアから温帯の九州まで広く分布しているマメ科トビカズラ属
Mucuna の常緑木性つる植物である。この植物を見つけたとき，その迫力に
圧倒されるとともに，その花の形には少々違和感もおぼえた。

2. 花の構造

　多くのマメ科植物は，この科に特徴的な「蝶型花」と呼ばれる構造の花を
つける。フジ *Wisteria floribunda* やクズ *Pueraria lobata* といったなじみのあ

る植物を思い浮かべるとわかりやすいかもしれない（図2-a, b）。蝶型花は5
枚の花弁で構成されていて，1枚の旗弁，1対の翼弁，1対の竜骨弁（舟弁）
に分けられる（図2-c）。旗弁は花の上側中央にあり，文字通り旗として花の
存在を知らせる広告の役割を果たしていることが多い。蝶型花で特徴的なの
は，竜骨弁と呼ばれる下側2枚の花弁が合着して舟形の構造をつくり，それ
が雄しべと雌しべを覆い隠していることである（図2-c）。このままの状態で
は，少なくとも他家受粉は不可能である。このような植物では，一般に動物
が花につかまった際にその重みで竜骨弁が押し下げられ，むき出しになった
花粉が訪花者に付着し，同じ場所に柱頭も接触するという受粉様式をもつ（図
2-d）。フジの花の場合，クマバチ *Xylocopa appendiculata* が花蜜を採餌しよ
うとして竜骨弁の両脇にある翼弁につかまると，翼弁に連なって竜骨弁が押
し下げられ，雄しべと雌しべがクマバチの腹部にあたるしくみになっている
（岸, 2015）。

　ウジルカンダの花もフジやクズと類似した構造をもつが，花粉の放出方法
がこれらの花とは少々異なる。ウジルカンダの場合，竜骨弁が開く際に溜め
込まれていた花粉が一気に飛び散るように放出され，竜骨弁は一度開くとも
との位置には戻らない。このステップは explosive opening（裂開）または
explosive pollen release と呼ばれている（図3-a, b）。

　まず，ウジルカンダの花がどのように裂開するのかを，花のパーツを1つ
ずつ取り外して，詳細に観察することにした。萼筒を取り外してみると，旗
弁の付け根にフック状の構造（図3-c, d）があり，これが翼弁の付け根にあ
る凹みと嚙み合わさって留め金のような役割を果たしていることがわかった
（Toyama *et al.*, 2012）。このフック状の構造に加え，旗弁中央部がくびれて翼
弁と竜骨弁を両側から挟み込むように強く押さえつけているため，旗弁を押
し上げながら翼弁を押し下げなければ花が裂開しないという構造になってい
た。この構造は，花が自動的に裂開するのを防ぐ構造である。しかし，自動
的に裂開しないということは，フックを解除し，雄しべと雌しべを露出させ
るには，何者かが花を裂開する必要があるということである。花を裂開する
動物をここでは裂開者と呼びたい。ウジルカンダの花は大きく，旗弁と翼弁
の両方に力を加えなければ裂開しないため（図3-a），先に述べたフジの花の
ように，動物が花弁に乗るだけでは裂開しそうもない。また，竜骨弁を両側
から押さえつける力が強いため，昆虫は裂開者になり得ないこともわかった

（Kobayashi *et al*, 2018b）。本種は大型の動物に花の裂開を託しているようだ。

　ところで，訪花した動物はなぜわざわざ花を裂開するのだろうか。ウジル
カンダの萼筒は上半分が顕著に肥大しており，その内側に，糖度が25％も
ある甘い花蜜が，したたり落ちるほど溜まっている。メロンや桃の糖度が
15％程度なので，ウジルカンダの花蜜がいかに甘いかがおわかりいただけ
るだろう。そして，この花蜜がなぜ流れ落ちずに萼筒の内側に溜まっている
のかというと，旗弁の付け根のフックに秘密があった。フックがかかった状
態の花では，旗弁と翼弁の間に隙間ができないような構造となっているため，
花弁と密着した萼筒から花蜜がこぼれることはない。つまり，このフックに
は，花蜜が自動的に流れ落ちるのを防ぐ「栓」としての役割もあったのであ
る（図3-c, d）。萼筒の外側には，指で触れるとしくしくする刺毛が密生して
いるため，訪花した動物が萼筒を直接かじることはない。訪花した動物がウ
ジルカンダの蜜を採餌するためには，花を裂開し，フックを解除する必要が
あるのだ。

　手でウジルカンダの花を裂開してみると，花粉が5〜10 cmにわたり大量
に飛び散った。ウジルカンダの場合には，1度花が裂開すると裂開したまま
の状態となり，花蜜も再分泌されることはなかった。したがって，本種の花
は裂開者による1回の訪花で受粉を成功させる必要があり，どのような動物
に花が裂開されるのかが受粉成功を左右していると予想される。

3. 送粉者の地域変異

　ウジルカンダは，自分の花粉でも結実できる自家和合性であるが，裂開し
なければ結実しない（Denda *et al.*, unpublished data）。そのため，結実が観
察されている地域には花を裂開する動物が必ず存在することになる。ウジル
カンダの属するトビカズラ属は，一般にコウモリ類や鳥類が種特異的に花を
裂開し，送粉するとされている（Willmer, 2011）。沖縄島では，琉球諸島か
らフィリピン北部まで断続的に分布するクビワオオコウモリ *Pteropus
dasymallus* がウジルカンダに訪花することが観察されていた（Nakamoto *et
al.*, 2009）。オオコウモリの仲間は翼を広げると1 m近くになる大型のコウ
モリであり，本州などでよく見かける小型コウモリに比べゆったりと飛ぶ。
また，小型コウモリは超音波を駆使して昆虫などを採餌するが，オオコウモ
リの仲間は超音波を使わず視覚や嗅覚を頼りに餌を探し，果実や花，葉など

を採餌する。沖縄島では，クビワオオコウモリがウジルカンダに訪花することが観察されてはいたものの，どの程度送粉に貢献しているのかについては評価されておらず，さらにその他の訪花者がいるかどうかは明らかになっていなかった。そこでまず，沖縄島での送粉者を調べることにした。

3.1.　有効な送粉者はクビワオオコウモリだけ

　沖縄島は南北に約 100 km の小さな島であり，ウジルカンダは沖縄島では中北部の谷沿いを中心に普通にみられる。沖縄島において固有の動物相が維持されているのは北部のやんばると呼ばれる森林地域に限られる。そこで，やんばる地域において，裂開していない花に向けて自動動画撮影カメラを設置し，訪花者の観察を行った。今回用いた自動動画撮影カメラは，赤外線センサーが動物の発する赤外線（体温）と気温との差を検知した際に，撮影を開始する機能が搭載されているタイプである。これを用いることで，観察者がその場にいなくても，哺乳類や鳥類の行動を定点観察することができる。このカメラを用いて訪花者の観察を行った結果，先行研究で訪花が確認されていたクビワオオコウモリが夜間に最も多くの花序に訪花していたが，それ以外にも，昼にはノグチゲラ *Sapheopipo noguchii*，夜にはケナガネズミ *Diplothrix legata* といった琉球諸島の固有種も訪花し，花蜜を採餌していることがわかった（Kobayashi *et al.*, 2018 a; 表 1）。しかし，この中で花を裂開していたのは，クビワオオコウモリのみであった。裂開する際は，翼弁に爪をかけて花を抑え，鼻先を旗弁と翼弁の間に押し込み，旗弁を押し上げていた（図 4-a）。鼻先を旗弁と翼弁の間に押し込む際の顔の向きと花の向きの位置関係は一定で，花粉が首周りに付着し，柱頭も同じ位置に接触することが多かった。裂開者が 1 つの花に 1 度しか訪花しなかったとしても，このように花粉の付着位置と柱頭の接触位置が対応していれば，受粉の可能性が高まる。一方で，その他の訪花者は裂開することはなく，ノグチゲラは萼筒をつついて穴をあけ，花蜜のみを採餌する盗蜜行動を繰り返しており（小林ほか, 2014），ケナガネズミはもっぱら花をもぎとって，毛の薄くなっている萼筒の裏をかじり取り，花蜜を採餌していた。沖縄島中部に位置する琉球大学構内でも同様の観察を行ったが，やはり裂開したのはクビワオオコウモリのみであった（Toyama *et al.*, 2012）。クビワオオコウモリでも裂開以外の行動は観察されたが，その頻度は裂開行動に比べ低かった（図 5-a）。以上の観察

図4　送粉者による裂開行動（二次元バーコードから裂開行動の動画を再生可能）
a: 沖縄島におけるクビワオオコウモリ，**b**: 九州蒲江におけるニホンザル，**c**: 台湾におけるクリハラリス。

 a: クビワオオコウモリ
旗弁と翼弁の間に鼻先を差し込み蜜を吸う

ニホンテン（p.170 参照）
クビワオオコオモリに似た行動を示すが訪花頻度は高くない

 b: ニホンザル
裂開もするが，多くは花をもぎ取ってしまう

 c: クリハラリス
クビワオオコオモリに似た行動を示す。花粉は首に付着する

結果から，沖縄島ではクビワオオコウモリがウジルカンダの唯一の裂開者であり，送粉者であると考えられた。

　トビカズラ属はコウモリ媒あるいは鳥媒とされており（Willmer, 2011），本種がコウモリ媒の特徴とされる，強い匂い，コウモリ類がぶら下がっても折れない丈夫なつる，旗弁が夜間に目立つような薄い色であるという形質を有していたことから，ウジルカンダもコウモリ媒であり，相互の形質や行動が

表1　訪花者と訪花した花序の割合（%） (Kobayashi *et al*, 2018a)

	沖縄島 （n＝135）		九州蒲江 （n＝571）		台湾北部 （n＝231）		台湾南部 （n＝44）	
哺乳類								
翼手目 （植物食性）	クビワオオ コウモリ	26.7	－		－		－	
霊長目	－		ニホンザル	34.4	タイワン ザル	3	タイワン ザル	4.5
リス科 （昼行性）	－		－		クリハラ リス	48.5	クリハラ リス	100
					シマリス	13		
リス科 （夜行性）	－		ムササビ	0.5	－		－	
ネズミ科	ケナガ ネズミ	5.9	ヒメネズミ	4.2	トゲネズミ	10.4	トゲネズミ	15.9
食肉目	－		ニホンテン	4	ハクビシン	1.3	ハクビシン	4.5
鯨偶蹄目			ニホンジカ	2.3	×		×	
鳥類								
ヒヨドリ科	ヒヨドリ	5.2	ヒヨドリ	1	×		×	
メジロ科	メジロ	1.5	メジロ	0.2	×		×	
キツツキ科	ノグチゲラ	14.8	×		×		×	

－：調査地に分布していない分類群，×：分布しているが，訪花は観察されなかった分類群。n は観察対象花序数を示す。

うまく合致しているように思われた。

3.2. オオコウモリがいない地域では？

　しかし，ウジルカンダは九州から東南アジアまで分布しているのに対し，オオコウモリ類は国内では鹿児島県の口永良部島以南の琉球諸島と小笠原諸島にしか分布していない。それにもかかわらず，オオコウモリ類の分布していない地域でも結実が確認されていた。そこで，植物食性のコウモリ類が分布していない地域でも訪花者の調査を行うことにした。

　調査地は，分布の北限に当たる大分県の佐伯市蒲江とした（Kobayashi *et al.*, 2015）。蒲江は植物食性コウモリの分布の北限よりもはるかに北に位置しており，ウジルカンダは九州では蒲江にのみ隔離分布している。この個体

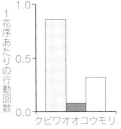

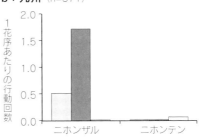

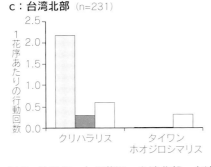

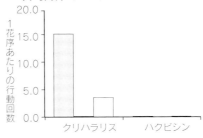

図5　沖縄島，九州蒲江，台湾北部，台湾南部における裂開者が訪花した際の行動
b は Kobayashi *et al.* (2015) にデータを追加し改変，**c** および **d** は Kobayashi *et al.* (2017) を改変。n は観察対象花序数。□：裂開，▨：もぎとり，□：その他／不明。1 花序あたりの行動回数が少ない沖縄島，九州蒲江，台湾北部では，裂開者に訪花された花序の割合がそれぞれの観察対象花序数の27％，34％，49％であった。裂開者に訪花されなかった花序が多いことが，1 花序当たりの行動回数が少ない要因の1つである。

群は小さいため，大分県の天然記念物に指定されている。蒲江でも沖縄島で行った調査と同様に，自動動画撮影カメラを用いた訪花者の観察を行った。その結果，訪花した動物は沖縄島とは全く異なっていた（表1）。そして，蒲江ではなんとニホンザル *Macaca fuscata* が花を裂開していたのである。ニホンザルの場合，クビワオオコウモリとは裂開行動が異なり，両手を使って器用に花を裂開していた（図4-b）。手で裂開した場合の花粉の付着位置に注目すると，裂開時に顔を花に近づけていれば顔に付着し，そうでなければ手に多量に付着していることがわかった。一方，柱頭はニホンザルが花蜜を舐めるために顔を近づけた際に，頬に接触することがわかった。つまり，花粉の付着位置と柱頭の接触位置が対応していない場合がある。さらに，ニホンザルの場合には，裂開もするのだが，花をもぎとってしまう行動も高頻度で

観察された（図5-b）。ニホンザルは蒲江における有力な送粉者ではあるが，クビワオオコウモリよりは送粉効率が悪い可能性が高い。そして，蒲江で観察された裂開者はニホンザルだけではなかった。ニホンテン *Martes melampus* も花を裂開していたのである。ニホンテンの裂開行動は，クビワオオコウモリと比較的類似しており，前脚で翼弁を押さえ，鼻先を翼弁と旗弁の間に押し込み，旗弁を押し上げるというものであった。このため花粉の付着位置は安定していると考えられた。しかし，ニホンテンはニホンザルに比べ裂開する頻度が極端に低く（図5-b），ニホンザルよりもさらに送粉への貢献度は低いと考えられた。

　蒲江における観察結果は，本種の送粉機構がコウモリ媒に特化していない可能性を示唆している。しかし，分布の辺縁部では，送粉者の変異が生じやすいと考えられているため（Johnson, 2010），蒲江で観察された現象は北限かつ飛び地の分布地でみられた特殊な事例である可能性もあった。ウジルカンダがどのような送粉者に送粉を依存しているのかを明らかにするためには，植物食性のコウモリ類が分布していない他の地域でも，訪花者の観察をする必要があった。

3.3. さらに別の調査地へ

　そこで，台湾でも訪花者の調査を行うことにした（Kobayashi *et al.*, 2017）。台湾は琉球諸島の南端とほぼ同じ緯度に位置しているが，クビワオオコウモリは2つの小島嶼に小個体群が生息するのみで，台湾本土には植物食性のコウモリ類は分布していない。台湾本土は九州と同程度の面積があり，ウジルカンダは全域に広く分布しているため，台湾では北部と南部で訪花者の観察を行った。調査の結果，訪花者の種構成は北部と南部では異なっていたが，いずれの地域でも訪花したのは哺乳類のみであった（表1）。そして，いずれの地域においてもクリハラリス *Callosciurus erythraeus* による裂開数が圧倒的に多く（図5-c, d），北部でも南部でも訪花したすべての花序で裂開が観察された。クリハラリスは，鼻先を翼弁と旗弁の間に押し込み，旗弁を押し上げて裂開するというクビワオオコウモリやニホンテンと類似した裂開行動を示した（図4-c）。また，クビワオオコウモリと同様に，裂開する際の顔の向きと花の向きの位置関係は一定で，花粉の付着位置および柱頭の接触位置はほとんどが首周りであった。クリハラリスの他にも，北部ではタイワンホ

図6　調査地の位置

オジロシマリス *Tamiops maritimus*，南部ではハクビシン *Paguma larvata* が花を裂開していた（表1）。この2種は，訪花頻度も花の裂開数もクリハラリスに比べ圧倒的に少なかった（図5-c, d）。このことから，台湾における主要な送粉者はいずれの地域でもクリハラリスであると考えられた。台湾における調査の結果は，ウジルカンダがコウモリ媒ではないことを決定づけるものとなった。

4. ウジルカンダの送粉者の特徴

　ウジルカンダの送粉者について整理してみよう。まず，調査を行った3地域（図6）では，それぞれ異なる動物が主要な送粉者であった。しかし，頻度の低い送粉者も含め，すべて哺乳類であるという点は共通していた。ウジルカンダのように，送粉者を限定するような形質を持つにもかかわらず，地域によって主要な送粉者が異なる植物は，ガ媒やハエ媒など，昆虫が送粉者である植物では知られていた（例えば，Johnson & Steiner, 1997; Bobarg *et al.*, 2014）。一方，哺乳類が送粉者となっている植物では，地域による送粉者の違いが示された研究はほとんどない。送粉者が地域によってある種の哺乳類から別種の哺乳類に置き換わるという例に，ゴクラクチョウカ科のオウギバショウ（別名：タビビトノキ）*Ravenala madagascariensis* がある。オウギバショウは，原産地のマダガスカルではエリマキキツネザル *Varecia variegata*

に送粉されるが，移植先のオーストラリアではハイガシラオオコウモリ *P. poliocephalus* に送粉される（Calley *et al.*, 1993; Kress *et al.*, 1994）。この例は人為的に移植された個体群における送粉者の変化であり，もともとの分布域内において，哺乳類の送粉者が地域によって異なるというのは本研究が初めての発見であった。

　送粉者が地域間で異なるという現象は，送粉プロセスにさまざまな違いをもたらすことが予想される。そこで，裂開者の裂開行動の違い，移動特性の違い，飛翔性の違いが送粉プロセスに及ぼす影響について議論してみたい。

　まず，裂開行動である。裂開する頻度は花粉の運搬量に，花の構造に対応した一定の裂開行動を示すかどうかは花粉の付着位置，すなわち受粉効率に係わる行動と考えることができる。これらの点については，クビワオオコウモリとクリハラリスがニホンザルに比べて効率がよさそうである。

　話はそれるが，霊長目の裂開行動については，種間の違いも興味深い。蒲江では主要な裂開者がニホンザルであった。台湾には同属のタイワンザル *M. cyclopis* が分布しており，北部でも南部でもウジルカンダに訪花していた。しかし，タイワンザルは花を裂開することはなく，北部ではクリハラリスに裂開された後の花の雄しべや雌しべを採餌しており，南部では開花する前に蕾を食べつくしてしまう地域もあった。このような，ニホンザルとタイワンザルの行動の違いは，種による違いなのかもしれない。しかし，ニホンザルでも裂開せずにもぎとる花が多かったことも考慮すると，蒲江のニホンザル個体群が偶然に裂開行動を学習し，個体群内に裂開行動が伝播した可能性もある。蒲江以外のニホンザル個体群が裂開行動を行うことができるのかを調べるのも面白そうだ。

　本題に戻ろう。次は，哺乳類の送粉者の移動能力の違いである。移動距離の違いは，花粉の運搬距離に係わる特性である。クビワオオコウモリは，オオコウモリ類の中でも行動圏が比較的小さいとされるが，それでも1日平均50 ha以上の行動圏を持つ（Nakamoto *et al.*, 2012）。一方で，リスの仲間は一般に行動圏が狭く，クリハラリスの場合には，行動圏の広いオスでも平均1.4 haしかない（Tamura *et al.*, 1989）。ニホンザルは，島嶼部も含めた九州の群れの行動圏サイズは24〜270 haで群れによるばらつきが大きいとされている（Takasaki, 1981）。ウジルカンダはパッチ状に分布するため（小林ほか, 2015），クリハラリスの行動圏サイズではパッチ間の移動が難しい場合が

あり，花粉の運搬によって遺伝的交流が促進されないことが想定される。しかし，裂開者の生息密度を比較すると，クリハラリスの方がクビワオオコウモリよりも 8〜23 倍も高い（Tamura *et al.*, 1989; 中本ほか, 2011）。実際に，観察対象花序の訪花率はクリハラリスの方が 2 倍近く高かった。これらのことから，クビワオオコウモリは訪花頻度はそれほど高くないが他家受粉を促進するのに適した送粉者，クリハラリスは訪花頻度が高いが自家受粉を促進するのに適した送粉者，ニホンザルは訪花頻度や花粉の移動についてはクビワオオコウモリとクリハラリスの中間的な送粉者であるといえる。

　最後に飛翔性である。今回明らかになった哺乳類の送粉者の中では，クビワオオコウモリのみが飛翔能力があり，その他の裂開者は飛翔能力がない。ウジルカンダは巻きつき型のつる植物であり（川原, 2012），相対的な開花量は少ないものの，低い位置でも開花する。訪花者の調査を行う際，自動動画撮影カメラをさまざまな高さの花序に向けて仕掛けていたので，高さごとに訪花頻度を分析してみたところ，飛翔能力のあるクビワオオコウモリは，地面付近で開花していた花序には訪花しなかったが，クリハラリスやニホンザルは低い位置の花序から高い位置の花序まで訪花し，花を裂開していた（Kobayashi *et al.*, 2020）。この差は実際に結実する高さにも影響していた。このように，哺乳類の送粉者が地域間で異なるということは，ウジルカンダの送粉効率にさまざまな違いをもたらしていることが示唆された。

5. ウジルカンダの送粉システム

　ここまでに示したように，送粉プロセスへの影響は，送粉者によって異なっていた。それでは，これらの哺乳類が同所的に生息している場合はどうだろうか。今回紹介した調査地は，サイズの大小はあるものの，すべて島嶼だった（図6）。島嶼では，生息できる種数が大陸に比べて限定される。実際に沖縄島にはリスやサルは生息しておらず，九州にも植物食性コウモリやリスは分布していない（表1）。一方で，大陸部では，リス，植物食性コウモリ，サルが同所的に生息する地域がある（図7）。まだ大陸部におけるウジルカンダの送粉者は明らかにできていないが，ウジルカンダに近縁な種についての断片的な報告によると，大陸部では同一の地域において複数分類群の哺乳類が訪花することがあるようだ（Lau, 2004; 2012）。そのため，ウジルカンダも大陸ではさまざまな哺乳類を送粉者としている可能性がある。その場合，

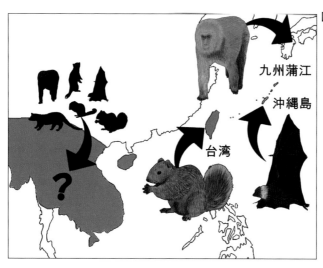

図7 ウジルカンダの分布と各地域の主要な送粉者（イラスト：髙岡千早）

（図中の文字）
九州蒲江
沖縄島
台湾
？

それぞれの送粉者の特徴をバランスよく利用した送粉を行っているのかもしれない。

　それでは，どうしてウジルカンダはさまざまな哺乳類を送粉者として獲得できたのだろうか。哺乳類媒植物は，特定の種に送粉されている種が多いことから，送粉者の分類群と花弁の色や形，匂い，花蜜などの花の形質との対応から，コウモリ媒，地上性哺乳類媒，樹上性哺乳類媒の3タイプに区分できる（Willmer, 2011）。ウジルカンダの花の構造は送粉者を限定するような構造である。本種が薄い色の花弁をもつことはコウモリ媒や地上性哺乳類媒の形質と一致する。一方で，花蜜に含まれている糖の比率は地上性哺乳類媒や樹上性哺乳類媒の形質と一致しており，特定の哺乳類の誘引をしているわけではなさそうなのである。すなわち，複数の分類群の哺乳類が送粉者となれるような，哺乳類限定のジェネラリスト的な形質をもっていると考えられる。

　ただし，このように花の形質に基づいて送粉者を推測し，対応関係を議論するのには問題もある。その理由の1つは，花の形質に基づき予測された送粉者と実際の送粉者は異なることがあり，花の形質と送粉者は必ずしも対応していないという事例がいくつもあることである（例えば，Ollerton *et al.*, 2009; Amorim *et al.*, 2013）。そして，もう1つは，哺乳類媒植物の送粉生態は，中南米，オーストラリア，アフリカを中心に研究が進められてきており，ア

ジア地域における研究が少ないことである。つまり，哺乳類媒のタイプ分け
に使用された花の形質は，アジア地域の植物の特徴が十分に考慮されていな
い可能性がある。ウジルカンダのように，形態的には一見特定の哺乳類に送
粉されていると思われても，実は様々な哺乳類を送粉者として利用している
という種も見つかった。アジア地域の哺乳類媒植物の送粉システムの解明は
これからだ。

引用文献

Amorim, F. W. *et al.* 2013. Beyond the pollination syndrome: nectar ecology and the role of diurnal and nocturnal pollinators in the reproductive success of *Inga sessilis* (Fabaceae). *Plant Biology* **15**: 317–327.

Boberg, E. *et al.* 2014. Pollinator shifts and the evolution of spur length in the moth-pollinated orchid *Platanthera bifolia*. *Annals of Botany* **113**: 267–275.

Calley, M. *et al.* 1993. Reproductive biology of *Ravenala madagascariensis* Gmel. as an alien species. *Biotropica* **25**: 61–72.

Johnson, S. D. 2010. The pollination niche and its role in the diversification and maintenance of the southern African flora. *Philosophical Transactions of the Royal Society of London. Series B* **365**: 499–516.

Johnson, S. D. & K. E. Steiner. 1997. Long-tongued fly pollination and evolution of floral spur length in the *Disa draconis* Complex (Orchidaceae). *Evolution* **51**: 45–53.

川原勝征　2012. 九州の蔓植物. 南方新社, 鹿児島.

岸茂樹　2015. キムネクマバチとタイワンタケクマバチのフジへの訪花行動. 昆蟲（ニューシリーズ）**18**: 31–38.

小林峻 ほか　2014. ノグチゲラ *Sapheopipo noguchii*（キツツキ科）によるウジルカンダ *Mucuna macrocarpa*（マメ科）の盗蜜. *Strix* **30**: 135–140.

Kobayashi, S. *et al.* 2015. Pollination partners of *Mucuna macrocarpa* (Fabaceae) at the northern limit of its range. *Plant Species Biology* **30**: 272–278.

小林峻 ほか　2015. カマエカズラ（マメ科）の送粉パートナーとしてのニホンザルの獲得：拡大造林政策の間接的影響. 霊長類研究 **31**: 39–48.

Kobayashi, S. *et al.* 2017. Squirrel pollination of *Mucuna macrocarpa* (Fabaceae) in Taiwan. *Journal of Mammalogy* **98**: 533–541.

Kobayashi, S. *et al.* 2018 a. Comparison of visitors and pollinators of *Mucuna macrocarpa* between urban and forest environments. *Mammal Study* **43**: 219–228.

Kobayashi, S. *et al.* 2018b. Who can open the flower? Assessment of the flower opening force of mammal-pollinated *Mucuna macrocarpa*. *Plant Species Biology* **33**: 312–316.

Kobayashi, S. *et al.* 2020. Effects of different pollinators and herbivores on the fruit set height of the mammal-pollinated tree-climbing vine *Mucuna macrocarpa*. *Journal of Forest Research* **25**: 315–321.

Kress, W. J. *et al.* 1994. Pollination of *Ravenala madagascariensis* (Strelitziaceae) by lemurs in Madagascar: evidence for an archaic coevolutionary system? *American Journal of Botany* **81**: 542–551.

Lau, M. 2004. Bat pollination in the climber *Mucuna birdwoodiana*. *Porcupine!* **30**: 11–12.

Lau, M. W. N. 2012. Masked palm civet *Paguma larvata* apparently feeding on nectar of *Mucuna birdwoodiana*. *Small Carnivore Conservation* **47**: 79–81.

Nakamoto, A. *et al.* 2009. The role of Orii's flying-fox (*Pteropus dasymallus inopinatus*) as a pollinator and a seed disperser on Okinawa-jima Island, the Ryukyu Archipelago, Japan. *Ecological Research* **24**: 405–414.

中本敦 ほか　2011. 沖縄島で近年みられるオリイオオコウモリ *Pteropus dasymallus inopinatus* の個体数の増加について. 保全生態学研究 **16**: 45–53.

Nakamoto, A. *et al.* 2012. Ranging patterns and habitat use of a solitary flying fox (*Pteropus dasymallus*) on Okinawa-jima Island, Japan. *Acta Chiropterologica* **14**: 387–399.

Ollerton, J. *et al.* 2009. A global test of the pollination syndrome hypothesis. *Annals of Botany* **103**: 1471–1480.

Takasaki, H. 1981. Troop size, habitat quality, and home range area in Japanese macaque. *Behavioral Ecology and Sociobiology* **9**: 277–281.

Tamura, N. *et al.* 1989. Spacing and kinship in the Formosan squirrel living in different habitats. *Oecologia* **79**: 344–352.

Toyama, C. *et al.* 2012. Feeding behavior of the Orii's flying-fox, *Pteropus dasymallus inopinatus*, on *Mucuna macrocarpa* and related explosive opening of petals, on Okinawajima Island in the Ryukyu Archipelago, Japan. *Mammal Study* **37**: 205–212.

Willmer, P. 2011. Pollination and Floral Ecology. Princeton University Press, New Jersey.

コラム2　さまざまな花の二型性

川北 篤（東京大学大学院理学系研究科附属植物園）

　植物が花に動物を引き寄せるのは，外交配 outcrossing，つまり同種の他個体と花粉の授受を行うためだが，送粉者は場合によっては1つの植物個体の中で雄しべから雌しべへと花粉を届けてしまう場合がある。1つの両性花の中でこれが起きる場合を同花受粉 autogamy，同じ個体の別の花どうしで起こる場合を隣花受粉 geitonogamy と呼び，いずれも自家受粉 self pollination である。自家受粉の結果受精が起きると自家受精 self fertilization となる。自家受精ばかりで世代を繋いでいる植物はまれに存在するが，ほとんどの野生植物は外交配によって子孫を残しており，自家受精を避けるためのさまざまな方法が発達している。

　自家受精を防ぐ最も一般的な方法は自家不和合性 self incompatibility であり，生理的なメカニズムによって自己・非自己の花粉が識別され，同一個体内での受精が阻まれている。これとは別に，両性花の中で雄しべと雌しべの位置が空間的に離れていることで同花受粉が防がれている雌雄離熟 herkogamy や，両者の熟す時期がずれていることで自家受粉が防がれている雌雄異熟 dichogamy などがある。とりわけ興味深いのが，雄しべと雌しべの空間配置や成熟時期が相補的になるような二型が種内に存在し，これによって自家受粉が防がれ，かつ外交配が促進されていると考えられるものが，ハナバチ媒の植物で顕著に多く見られることだ。

　例えばサクラソウ科，アカネ科，ミツガシワ科，タデ科，ミソハギ科など28以上の科で，雌しべ（花柱）が長く雄しべが短い長花柱花 long-styled (pin) flower をつける個体と，雌しべが短く雄しべが長い短花柱花 short-styled (thrum) flower をつける個体が種内でおおよそ同じ数ずつ存在する異型花柱性 heterostyly が知られている（Barrett, 2002。図a〜d）。送粉者が花に決まった姿勢でとまると，送粉者の体のどの位置に葯や柱頭が触れるのかがおのずと決まるため，長花柱花の花粉は短花柱花の柱頭に届きやすく，短花柱花の花粉は長花柱花の柱頭に届きやすい。異型花柱性植物では，生殖器官の空間的な配置に加え，長花柱花どうし，あるいは短花柱花どうしでは，た

とえ異なる個体どうしであっても受精が起こらない同型内不和合性 intramorph incompatibility が見られることが多い。異型花柱性植物をめぐるさまざまな進化の謎は，渡邊謙太さんの**第 9 章**をぜひご覧いただきたい。ミソハギ科やカタバミ科などのごく一部の科では，雌しべと雄しべの長さに三型がある三型花柱性 tristyly が知られている（図 e〜g）。

　異型花柱性では雌しべと雄しべの上下の空間配置が相補的であったが，左右の空間配置が相補的になったのが鏡像花柱性 enantiostyly である。鏡像花柱性は日本ではミズアオイ科にのみ見られるが，世界的には広く 11 の被子植物の科で知られ（Barrett *et al.*, 2000），この場合は送粉者の体の左と右で花粉のつけ分けが起こる（図 h〜k）。不思議なのは，異型花柱性の場合と異なり，鏡像花柱性の植物では同一個体内で花柱が左側にある花と右側にある花が混在するものが多いことだ。これでは隣花受粉が簡単に起きてしまいそうだが，二型があれば同じ個体の花の少なくとも半分とは隣花受粉が防げる利点があるのかもしれない。なぜ 1 つの株内で片方の型に揃わないのかや，鏡像花柱性が異型花柱性と同じ背景のもとに進化したものなのかどうかなどは，未解決の挑みがいのある謎だ。鏡像花柱性の花は，花蜜を欠き，仮雄ずい（かりゆう）をもち，花粉を報酬として提供する植物に特に多い。

　屈伸花柱性 flexistyly は，ショウガ科にのみ見られるユニークな二型で，花の雌期と雄期が午前と午後で逆転し，それにともない花柱が上方向，また

図　さまざまな花の 二 型性

a–c: 異花柱性をもつオオサクラソウ（サクラソウ科）。**a**: 花の様子。**b**: 雄しべ（∠）が長く，雌しべ（△）が短い短花柱花。**c**: 雌しべ（△）が長く，雄しべ（∠）が短い長花柱花。**d**: 同様の異花柱性をもつミツガシワ（ミツガシワ科）。**e–g**: 三型花柱性をもつカタバミ属の 1 種。雄しべと雌しべが 3 段階の高さにつく。矢印が花柱の位置。**e**: 長花柱花。**f**: 中花柱花。**g**: 短花柱花。**h**: 鏡像花柱性をもつミズアオイ（ミズアオイ科）。**i**: 花柱（△）が左側，機能的な雄しべ（∠）が右にある花。中心の黄色い雄しべは送粉者への報酬となる，生殖能力のない花粉がつくられる仮雄蕊で，送粉者が仮雄蕊で花粉を採餌するために花に定位すると体の両側面に柱頭と葯が触れるしくみになっている。**j**: **i** の花と鏡像関係にある花。ミズアオイでは花柱が右と左にある花が同じ個体内で約半数ずつつく。**k**: ミズアオイに訪花するハキリバチ属の 1 種。**l**: 屈伸花柱性をもつアオノクマタケラン（ショウガ科）。花から伸びる湾曲したものが雄しべと雌しべがくっついたもので，左の花は午前中に雌期，右側の花は午前中に雄期である。**m**: 午後になると，左側の花では花柱（矢印）が上に反り返り，代わりに葯（丸く膨らんだ部分）から花粉が放出される。右側の花では反対に，花柱が下向きに折れ曲がってきて，雌期になる。**n**: アオノクマタケランを訪花するアマミクマバチ。花の奥の筒状の部分に蜜があり，吸蜜の際に葯や柱頭が胸部背面に触れる。

は下方向に屈曲する（Li *et al*., 2001）。午前に雌期の型の花では柱頭は初め下を向いており，送粉者であるクマバチの体から花粉を受け取ることができる。午後になると花柱は上方向に屈曲して役割を終え，それに合わせるように葯が裂開して雄期になる。他方の型では午前に葯が裂開しており，午前に上方

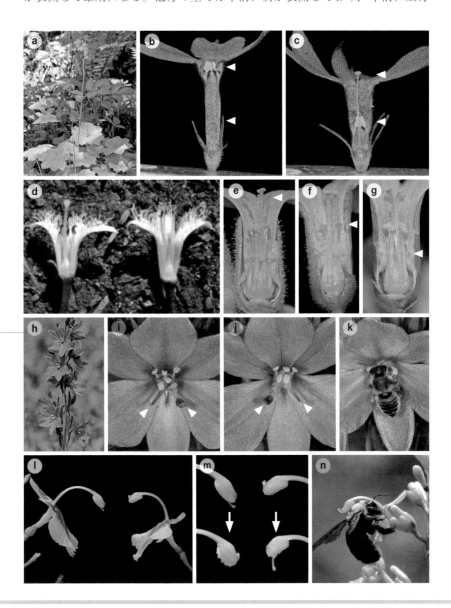

向を向いていた花柱が午後に下向きに屈曲して雌期になる（図l~n）。一日花で，夕方にはしおれしまうが，日中はクマバチが頻繁に花に訪れるので，2つの型の間で効率よく送粉が行われているだろう。屈伸花柱性は，異型花柱性と同様に個体ごとに型が決まっている。

　この他にも，南米のシソ科の *Eplingiella* 属では，花柄が180°ねじれて花そのものが上下反転したものばかりをつける個体が集団中に約半数存在し，これによって送粉者の体の背側と腹側で花粉のつけ分けをしていると考えられる例が見つかっている（resupinate dimorphy; Harley *et al.*, 2017）。

　このように，二型のあらわれ方は植物の分類群ごとにさまざまだが，同じ型どうしの受粉を防ぐ精巧なしくみがこれだけ何度も進化しているという事実は，植物にとって隣花受粉の影響がいかに大きいかを物語っているようである。花の二型はスズメガ媒花などでも見られるが，圧倒的にハナバチ媒花に多い。決まった姿勢で花に定位することの多いハナバチだからこそ，花粉のつけ分けが起きやすいことがその背景にあるのだろう。

引用文献

Barrett, S. C. H. 2002. The evolution of plant sexual diversity. *Nature Reviews Genetics* **3**: 274–284.

Barrett, S. C. H. *et al.* 2000. The evolution and function of stylar polymorphisms in flowering plants. *Annals of Botany* **85**: 253–265.

Harley, R. M *et al.* 2017. Resupinate dimorphy, a novel pollination strategy in two-lipped flowers of *Eplingiella* (Lamiaceae). *Acta Botanica Brasilica* **31**: 102–107.

Li, Q. J. *et al.* 2001. Flexible style that encourages outcrossing. *Nature* **410**: 432.

第9章　島と異型花柱性の生物学
～小笠原・沖縄・ハワイから～

渡邊謙太（沖縄工業高等専門学校）

はじめに

　島の生物は，進化を研究する者に，数多くの興味深いテーマを提供している。ダーウィンによる進化論を始め，生物進化に関連する重要な理論の多くが，島の生物の観察から生まれた。私は亜熱帯の島の１つに住んでおり，この島で繰り広げられる陸や海の生物現象を，日々間近に観察することができる。私が現在生活の拠点としているのは，琉球列島の沖縄島（沖縄本島）。私が研究を始めたのは，小笠原諸島の父島だった（図1）。

　この２つの島はほぼ同じ緯度にありながら，その陸上生態系には大きな違いがある。沖縄島の属する琉球列島は，かつて中国大陸の一部であった。このように大陸とつながっていた歴史をもつ島のことを「大陸島」と呼ぶ。大陸島の陸上生態系には，かつてつながっていた大陸と共通の動植物が多くみられ，森林の外観もよく似ていることが多い。一方の父島は，東京の南約1000 km，沖縄の東約1400 kmの小笠原諸島にあり，火山活動によって海

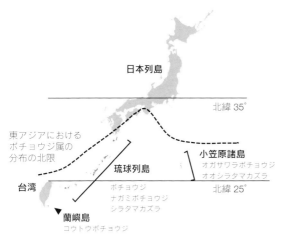

図1　小笠原諸島・琉球列島・蘭嶼島の位置とボチョウジ属植物の分布

日本列島

北緯35°

東アジアにおけるボチョウジ属の分布の北限

小笠原諸島
オガサワラボチョウジ
オオシラタマカズラ

琉球列島

ボチョウジ
ナガミボチョウジ
シラタマカズラ

北緯25°

台湾

▼蘭嶼島
コウトウボチョウジ

洋の只中に誕生した孤島の1つである。このように，大陸とつながった歴史がない島のことを「海洋島」と呼ぶ。海洋島の陸上生態系は，何らかの方法で大陸や他の島から海を渡ってきた生物種のみで構成されている。近隣の大陸で普通に生育している種が，海洋島では全く見られないということがよくある。したがって，大陸島と海洋島では，その島の歴史の違いにより，陸上生態系の性質が大きく異なっている。日本の南，ほぼ同じ緯度にありながら，大陸島と海洋島という異なる背景をもつ，琉球列島と小笠原諸島。この2つの島嶼に分布する近縁の植物種を材料にして，その花の進化や送粉生態を比較するとどのようなことがみえてくるのだろうか？　この章ではその一例として，私達が進めてきた島と異型花柱性の研究を紹介したい。

1. 海洋島では花の性が変わる？　雌雄異株化する植物たち

　島の生物学を研究するうえで，カールキストの著作『島の生物学 Island Biology』（Carlquist, 1974）は最も重要な古典の1つだ。この中でカールキストは，海洋島の生物に特徴的に見られる進化現象を "アイランド・シンドローム island syndrome" として整理した。そのうち植物に関しては，「大陸で草（草本）として知られている植物種が海洋島にたどり着いてから樹木（木本）に進化する現象」や，「海洋島にたどり着いた植物種が島での適応進化の過程で種子散布能力を失う現象」等が紹介されている。さらに，私がこれから紹介する「島における植物の性表現（雌雄性）の偏りと繁殖」についても重要なテーマの1つとして取り上げられている。

　それまで，海洋島では長距離散布後に1個体で繁殖を始められる自家和合性の（自殖により子孫を残せる）植物が有利であると考えられていた（"ベーカーの法則 Baker's Law"（Stebbins, 1957））。実際に多くの島で自殖可能な植物の割合が高いことが報告されている（Crawford *et al.*, 2011）。しかしカールキストは，ハワイ諸島を始めとする多くの海洋島で，雌雄異株の割合が高い傾向があることに気がついた。雌雄異株の植物は，雄花をつける雄株と，雌花をつける雌株に分かれており，自家受粉（自殖）することができない。そこで雌雄異株は，典型的な他殖促進型（外交配型）の性表現といえる。雌雄異株の植物が海洋島に侵入する際には，雄株と雌株が同時に，しかも同じ場所にたどり着き繁殖を始めなくてはならない。それにもかかわらず，なぜ

雌雄異株が海洋島で多く見られるのだろうか。このことについてカールキストは，次のように考えた。海洋島では大陸にいるような効率よく他家受粉を促進できる送粉者が少なく，そのため隣花（自家）受粉による近交弱勢（遺伝的に近い個体どうしが交配することで有害突然変異遺伝子がホモ接合となり，適応度が低下すること）が生じやすい。そこでこの近交弱勢を防ぐことができる他殖促進型の性表現が有利になるのではないか。つまり，島に移入するときは自家和合性の自殖型の性表現が有利だとしても，島で長く繁殖していくうえでは，雌雄異株のような他殖型の性表現が有利になるのではないか，と。

　海洋島ではこのことを裏付けるような進化の例を実際に見ることができる。自殖型で島に移入した祖先種が，島内で雌雄異株に進化した例がいくつも知られているのである（Carlquist, 1974）。ハワイ諸島では雌雄異株が全体の 14.7％ も見られるが，そのうちの約 3 分の 2 はもともと雌雄異株として島に移入し，残りの約 3 分の 1 は島内で両全性（すべての株が両性花のみをもつ性質）から雌雄異株に進化したものだと考えられている（Sakai *et al.*, 1995）。

　小笠原諸島では，例えばキク科の固有種ワダンノキ（ワダンノキ属 *Dendrocacalia*）が島で雌雄異株化したことが知られている（Kato & Nagamasu, 1995）。またシソ科の固有種シマムラサキの仲間（ムラサキシキブ属 *Callicarpa*）では，見かけ上はすべての株が両性花のみをつける両全性であるのに，実際には一部の個体の花粉には発芽孔がなく，この花粉は送粉者への報酬としてのみ使われており（雌花・雌株），一方で正常な花粉を生産する個体は実をつけず（雄花・雄株），機能的に雌雄異株化している（Kawakubo, 1990）。

2. 異型花柱性は被子植物の巧妙な発明

2.1. 異なるタイプの花による繁殖システム

　植物の繁殖システムは複雑だ。中でも異型花柱性 heterostyly は，動物媒に適応して進化した被子植物の極めて巧妙な発明である。異型花柱性植物の花はすべて雄しべと雌しべを同じ花の中にもつ両性花である。しかし，花の中の雌しべと雄しべの長さや配置の違いによって，同じ種内で 2 つ，または

3つの異なるタイプの花が存在し，それぞれ二型花柱性，三型花柱性と呼ばれる（図2）。異型花柱性の"花柱"は雌しべを指し，その長さに違いのある多型であることを示している。タイプの違いは個体ごとに遺伝的に決められており，株内では安定して1つのタイプの花のみを生産する。そして，同種内の異なるタイプの個体間で受粉したときにのみ，受精が起こり，種子ができる。かなり複雑な繁殖システムだ。

　異型花柱性の多数派を占める二型花柱性の例をみてみよう（図2-a）。二型花柱性 distyly 植物は，S（Short, Thrum, 短花柱）タイプとL（Long, Pin, 長花柱花）タイプの2タイプの花をつける。Sタイプの雌しべは雄しべよりも低く，反対にLタイプの雌しべは雄しべよりも高い位置にある。同じ花の中で雄しべと雌しべの位置が離れているため，自家受粉が起こりにくい（雌雄離熟）。通常，異なるタイプの高い器官どうし（Sの葯とLの柱頭）と低い器官どうし（Sの柱頭とLの葯）はほぼ対応する高さにある。さらに，自家受粉しても種子ができないことはもちろん（自家不和合性），同じタイプどうし（SとS，またはLとL）では，たとえ異なる個体の間で受粉しても受精が起こらない（これを同型花不和合性という）。つまり花粉を媒介する

BOX　　　　　　　　　　　　　*二型花柱性の遺伝的背景*

　サクラソウの仲間を材料とした二型花柱性の研究では，花形態の二型性と同型花不和合性を達成するために，少なくとも3つの遺伝子が必要とされ，これらが強く連鎖して1つの遺伝子のように振る舞う"スーパージーン"が想定されてきた（スーパージーンモデル；Lewis & Jones, 1992）。この遺伝子はなかなか見つからなかったが，2016年ついにサクラソウ属における二型花柱性の遺伝子群の構造が明らかになった（Li *et al.*, 2016; Huu *et al.*, 2016）。サクラソウの二型花柱性の遺伝様式としては，それぞれ柱頭・花粉・葯の形質を決める *g/G*，*p/P*，*a/A* という3対の対立遺伝子が連鎖したスーパージーンが想定され，Sタイプはヘテロ（*gpa/GPA*），Lタイプは劣勢ホモ（*gpa/gpa*）であると考えられていた。このモデルでは，二型花柱性の集団でまれに生じる等花柱花（葯と柱頭が同じ高さの花）は，これら3つの遺伝子の間に組み換えが生じた結果（例えば *Gpa/gpa* 等）であると解釈されていた（日本語の解説に鷲谷, 2006 等）。Li らが2016年に明らかにした実際の遺伝子の構造は，Sタイプは相同染色体の片方だけが不和合性の関連遺伝子群をもち（ヘミ接合），Lタイプはその遺伝子群を全くもたないというものだった。また，単純に柱頭・花粉・葯という3つの形質に対

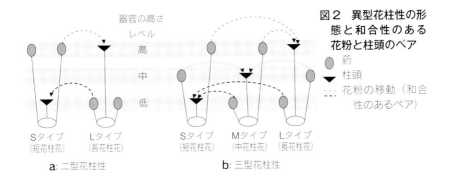

図2　異型花柱性の形態と和合性のある花粉と柱頭のペア

○　葯
▼　柱頭
----　花粉の移動（和合性のあるペア）

送粉者が，異なるタイプ間で花粉を運んだ場合にのみ，繁殖が可能となる。この一見難しそうなタイプ間の花粉の交換を助けているのが，ＳとＬの雌しべと雄しべの相補的な位置関係であると考えられている（図3）。花に適した送粉者が，ＳとＬの花を訪花した場合，その送粉者の口器の基部側にはＳタイプの花粉が，逆に先端近くにはＬタイプの花粉が付着し，それぞれ相補的な位置にある逆タイプの柱頭に効率よく届けられるという考えだ。つまり，二型花柱性は花に適した送粉者の存在下で，効率的に他殖する花の工夫

応する3つの遺伝子だけではなく，より多数の遺伝子が関係するより複雑なシステムだということがわかってきた。しかし，連鎖した遺伝子群が1つの遺伝子のように振る舞うという点では，スーパージーンモデルは正しかったといえる。サクラソウ属以外の分類群においても近い未来，異型花柱性の遺伝様式が明らかにされると期待されている（英語の解説として Kappel *et al.*, 2017 等がある）。

　二型花柱性は，その花に適した送粉者の存在下で効率的に他殖する性表現である。しかし，これは諸刃の剣ともいえる。一度この送粉者を失うと，本来期待されたように繁殖することができなくなってしまうのだ。実際，送粉者がいない状況では，自殖的単型（集団中にＳ，Ｌ，あるいは等花柱花のいずれかのみが存在し，主に自殖により繁殖する）に崩壊した例が多く報告されている（Washitani *et al.*, 1996）。自殖的単型は，突然変異により通常の二型花柱性集団中にも一定の割合で生じているが，植物に適した有効な送粉者の存在下では，近交弱勢のため，排除される。しかし，有効な送粉者がいなくなると，自殖型の個体が有利となり，集団が自殖型に置き換わってしまうことがある。異型花柱性の植物がいったん自殖的単型へ崩壊すると，再び（遺伝的に複雑な）元の異型花柱性に戻ることは難しく，これはほぼ不可逆な進化であると考えられている（Barrett, 2013）。

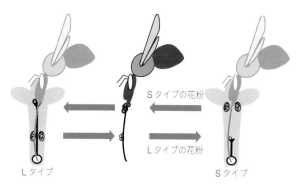

図３　二型花柱性の形態と訪花昆虫による花粉の移動

S タイプの花粉

L タイプの花粉

L タイプ　　　　　　　　　S タイプ

であると理解することができる。

　「私の科学者としての人生の中で，異型花柱性のもつ意味に気がついたときほどうれしかったことは，他にはなかった」とは，進化論で有名なチャールズ・ダーウィンの言葉だ（Darwin, 1887）。ダーウィンは進化論の他にも多くの分野で巨大な足跡を残したが，晩年に『同種にみられる花の異型性』という本を著した（Darwin, 1877）。彼はその本の中で異型花柱性における同型花不和合性や昆虫の口器への花粉の付けわけを示し，異型花柱性が効率よく他殖するために植物が発明した巧妙な工夫であることを明らかにした。植物は主に自家受粉（自殖）により繁殖すると考えられていた時代に，ダーウィンは他殖することが進化的に有利となる場合があることに気がついていた。そこで，自殖を防ぎ，他殖を達成するために生み出された異型花柱性の"巧妙な工夫"とその"進化的意味"を理解して，圧倒されたのである（矢原, 2000）。

　二型花柱性はこれほどまでに複雑な繁殖様式にもかかわらず，28 の科から少なくとも 1,400 種以上が知られており，何度も繰り返し進化したと考えられている（Naiki, 2012; Barrett, 2019）。二型花柱性の植物としては，サクラソウ属（*Primula*，サクラソウ科）が特に有名だが，その他にも日本で身近なところでは，ソバ，ツルソバ，サクラタデ（タデ科），レンギョウ（モクセイ科），アサザ（ミツガシワ科），サツマイナモリ，アリドオシ（アカネ科）等があり，三型花柱性の植物としては，ミソハギやエゾミソハギ（ミソハギ科）がある。もしこれまで異型花柱性の存在を知らなかった方は，ぜひ野外でこれらの植物を探し，見つけたら注意して花の中を確認してほしい。同じ種でありながら異なるタイプの花があることを，自分の目で初めて確認できたときには，植物の秘密を垣間見たという不思議な感動を覚えるに違い

ない。これほど複雑な繁殖システムが，植物の世界で何度も並行して進化したという事実をみると，そこにはまだ何か見つかっていない秘密の法則があるのではないかと思えてくる。

2.2. 島における異型花柱性

　さて，この異型花柱性，海洋島でもみられるのだろうか。先述のカールキストは『島の生物学』の中でハワイ諸島からは異型花柱性が知られていないことを明記している。海洋島では異型花柱性はまれである，とする論文はいくつか報告されていた（例えば Pailler *et al.*, 1998）。しかし，この現象について正面から研究した論文や総説はなかった。そこで詳しく文献を調べてみると，世界の主な海洋島から知られている異型花柱性植物は，後で紹介する我々の研究例を含めてわずかに 11 例しかなかった（Watanabe & Sugawara, 2015）。このような視点からの調査が不十分である可能性があるので，現時点で海洋島では異型花柱性がまれであると結論することは適切でないが，海洋島における異型花柱性が置かれている状況を整理しておくことには意味があるだろう。海洋島では自家不和合の異型花柱性は雌雄異株と同様，移入の困難が想定される。S タイプと L タイプの種子が同時に同じ場所にたどり着かなければ繁殖を開始できないからだ。ところが雌雄異株の場合，大陸よりも多くの海洋島において高い割合で存在することが知られているのは前述の通りだ。これは海洋島では他殖型の繁殖様式が有利であるためであると理解されている。同じように他殖を促進する繁殖様式である異型花柱性が，海洋島でまれな理由はどこにあるのだろうか。

　海洋島である小笠原諸島では，私が研究を始めた当時，他の海洋島と同様，異型花柱性の報告はなかった。しかしよく調べてみると，小笠原諸島にも大陸など他の場所で二型花柱性が知られている属の植物が何種か分布していることがわかった。これらの種では二型花柱性はすでに崩壊しているのだろうか。あるいはひょっとしたら，二型花柱性を維持しているのに知られていないだけではないのか。もしそうだとしたら海洋島である小笠原諸島でどのように繁殖しているのだろうか。このような疑問から，私の島と異型花柱性植物の研究は始まった。この研究のきっかけとなった発見の日々について，次節で紹介したい。この発見の過程にこそ，野外観察から始まる植物研究の醍醐味が詰まっていると私は思う。

2.3. 花の秘密を発見する喜び：
小笠原諸島で体験した興奮の4日間

　2003年当時，私は修士の研究対象として小笠原諸島の在来植物に関連したテーマを探っていた。卒業研究では，外来種のクマネズミが小笠原諸島でどのような植物に害を与えているのかを調べた（渡邊ら, 2003）。しかし，人が引き起こした外来種の問題よりも，人知れず進化した固有植物を研究したいとの想いが捨てきれなかった。そして，小笠原諸島の植物の性表現には，まだ発見されていない面白い事実が隠されているのではないかと考えていた。最初に目をつけたのはモクセイ科の固有種ムニンネズミモチ *Ligustrum micranthum*（イボタノキ属）だった。卒研を指導いただいた加藤英寿先生の「この花には多型があるのではないか」という言葉を受けて，実際に野外で観察してみると，確かにムニンネズミモチの花には多型があるように思われた（図4-a, b）。結果として，私自身はこの種について研究を進めることはなかったが，後に後輩の常木静河さんが調査し，雌株と雄株，そして花粉も果実もつくる両性株が混ざる不完全雌雄異株 subdioecy という複雑な性表現であることを明らかにした（Tsuneki *et al.*, 2011）。

　そのころ修士過程から私の指導教官になってくださった菅原敬先生に，小笠原諸島の植物の性表現や繁殖を研究したいと相談したところ，小笠原諸島のいくつかの植物が二型花柱性の可能性があるので，6月に一緒に調べてみよう，とのコメントをもらった。こうして菅原先生との一週間の野外調査が始まった。そしてこれが小笠原諸島の植物の性表現に関する新発見が相次ぐ，忘れられない興奮の一週間となった。

　1日目。私は別の調査に出かけていたが，菅原先生たちは父島南部の千尋岩周辺を調査し，ジンチョウゲ科の固有低木種ムニンアオガンピ *Wikstroemia pseudoretusa*（アオガンピ属）が雌雄異株であることに気がついた（図4-c, d）。ムニンアオガンピの祖先種と考えられていたアオガンピ（琉球列島などに分布）は両性花のみをつける両全性のため，海洋島における雌雄異株化の新たな例と考えられた。この日，菅原先生はすでにその地域の花のサンプリングを完了しており，後に私が母島で採取したサンプル，それに琉球のサンプルのデータと併せて，翌2004年にはこれを論文として出版した（Sugawara *et al.*, 2004）。野外で実際に植物を見て，現象に気付き，その

場でサンプルやデータをとり，論文にするという菅原流の素早い仕事で，強
烈な印象として残った。

　2日目。この日は菅原先生と2人で，父島の中でも特に希少種が多く残さ
れた乾性低木林の広がる中央山東平周辺，初寝浦遊歩道を歩いてオガサワラ
ボチョウジを探した。オガサワラボチョウジ *Psychotria homalosperma* はアカ
ネ科ボチョウジ属の固有種で，亜高木になり，林冠に花をつける（図 4-e，
図 5）。最初に見つけた個体から花を採取し，花形態をよく観察してみる。
雌しべが花筒から突出し，大きく2つに割れた柱頭が見える。花筒のやや下
にある雄しべの葯には花粉が溢れている。雌しべと雄しべの両方が機能して
いる両性花のようだ。歩を進めるとまもなく2個体目を見つけたので，再び
花をとってよく観察してみる。今度は突出した雌しべや柱頭が外からは見え
ない。花粉が溢れた雄しべの葯はやや花筒より上に出ているようだ。花を開
いてみる。雌しべは花筒の中に隠されていた。柱頭も小ぶりだが機能してい
るようだった。こちらも機能的には両性花のようだが，先程の花とはタイプ
が異なる。どうやらこの種は二型花柱性であり，最初に見つけた花はLタ
イプ（図 4-f 右），後で見つけたこの花はSタイプ（図 4-f 左）のようだ。白
くすらっと長い花には，うっすらと甘い香りがある。小笠原の森で林冠に咲
くこの花は，開花期になると遠くからでも良く目立つ。オガサワラボチョウ
ジの花が，人々がこの島の存在を知るよりもはるか昔から，この森で秘かに
二型花柱性を保っていたという事実を知って，胸が熱くなった。

　3日目。小笠原諸島には同じボチョウジ属で，つる性のオオシラタマカズ
ラ *P. boninensis* という固有種も生育している。この日は菅原先生と2人で，
このオオシラタマカズラの花を探すことにした。開花した個体を探すのに苦
労したが，一日の終りにはなんとか数個体の花を見つけることができた。こ
の花にも明らかなSタイプとLタイプの二型が認められ，二型花柱性であ
ることが判明した（図 4-g, h）。異型花柱性が知られていなかった小笠原諸島
から，新たに2種の二型花柱性植物を発見したことになる。

　4日目。この日は菅原先生と2人で父島から 50 km 離れた母島に渡り，
乳房山遊歩道を周りながら，母島のオガサワラボチョウジを探そうというプ
ランだった。その途中でもう1つ調査の候補に挙がっていたアカネ科のつる
性植物ムニンハナガサノキ *Gynochthodes boninensis*（ハナガサノキ属，当時
はヤエヤマアオキ属 *Morinda* に含められ，ハハジマハナガサノキという品種

図4　小笠原に分布する二型を有する植物
ムニンネズミモチ（不完全雌雄異株）の雄花（**a**）
と雌花（**b**），ムニンアオガンピ（雌雄異株）
の雄花（**c**）と雌花（**d**），オガサワラボチョウ
ジ（**e**，二型花柱性）のSタイプ（**f左**）とL
タイプ（**f右**），オオシラタマカズラ（二型花
柱性）のSタイプ（**g**）とLタイプ（**h**），ム
ニンハナガサノキ（雄性両全性異株）の雄花（**i**）
と両生花（**j**）

にされていた）に出会うことになった。同属から二型花柱性が知られていた
ため，この種も二型花柱性の可能性が疑われた。くるくる自分自身に巻き付
く独特のつるから花を採取し，花形態を良く観察してみる。花には明らかな
二型が認められた。どうやら雄花のみをつける雄株と，両性花のみをつける
両性株があるようだった（図4-i, j）。雄性両全性異株。これは被子植物の中
で極めて珍しく（Renner, 2014），理論的な研究からも進化的に不安定である
ことが指摘されている性表現だ（Charlesworth, 1984）。

　この4日間で，私達は突如として沢山の研究テーマを手にすることになっ
た。しかし，これら全てを同時に進めることは現実的でなかった。当時最も
興味のあったムニンハナガサノキは，花期の関係で予備調査にとどめ，とり
あえずのターゲットをオガサワラボチョウジに絞ることにした。その後さま
ざまな事情により大学院を休学したり，沖縄で就職したりしたこともあって，

**図5　オガサワラボチ
ョウジ**
小笠原諸島母島石門地域
のオガサワラボチョウ
ジ。林冠にたくさんの花
をつけているタイプの個
体（2015年8月）

　私自身はオガサワラボチョウジ以外の小笠原諸島の植物研究を継続すること
ができなくなってしまった。しかし，優秀な後輩と菅原先生らの手により，
これらの種の性表現についても次々に実態が解明されていった。オオシラタ
マカズラについては後輩の近藤よし美さんらがしっかりとした調査をして，
形態的・機能的に二型花柱性であることが確かめられた（Kondo *et al.*, 2007;
Sugawara *et al.*, 2014）。ムニンハナガサノキについては後の卒研生の斎藤（宮
下）けい子さん，修士の西出真人さんらにより調査され，雄性両全性異株の
実態が明らかにされた（Nishide *et al.*, 2009）。さらに沖縄のハナガサノキ *G.
umbellata* は雌雄異株化していることが確認された（Sugawara *et al.*, 2010）。
分子系統解析の結果からはハナガサノキ属での雄性両全性異株の進化経路が
徐々に明らかになってきている（Oguri *et al.*, 2013）。この4日間の発見はそ
の後多くの学生を巻き込み，多数の直接的・間接的な論文として実を結んだ。
（この発見の様子は，菅原先生も最近別の視点から報告している（菅原，
2020））。
　発見した現象を詳しく丁寧に調べ立証するには，多くの時間と労力を必要
とする。これは科学にとって欠かすことのできないプロセスだ。一方，発見
自体は一瞬だ。しかし発見は，実は周到に準備された鋭い観察眼によっても
たらされる。問題意識を持って少し違ったフィルタを通して自然を見る。こ
れが自然に隠されている秘密を読み解くための鍵だという事を学んだ。この
特殊メガネをかけると，同じ森が以前とは全く違う森に見えてくる。

3. アカネ科ボチョウジ属 *Psychotria* を研究対象として

　こうして小笠原諸島で半ば偶然に出会ったボチョウジ属だったが，研究を続けるうちに，実におもしろい分類群であることがわかってきた。アカネ科ボチョウジ属は1600種以上を含み，世界の被子植物の中で3番目に大きな属とされている（Davis *et al.*, 2009）。熱帯を中心として南極を除く5大陸と多くの島々に分布し，太平洋でも多くの島々で適応放散を遂げている。例えばハワイ諸島では1種から11種（Nepokroeff *et al.*, 2003），ニューカレドニアでは2種から82種が種分化した（Barrabé *et al.*, 2013）。また2012年の時点で少なくとも127種の二型花柱性が報告されているが（Naiki, 2012），未だ性表現が調査・報告されていない種がほとんどであるから，属内の二型花柱性の種の実数は明らかでない。二型花柱性の進化が複雑な過程であることを考えると，二型花柱性はボチョウジ属の祖先的形質と考えられる。一方，ボチョウジ属では二型花柱性が単型に崩壊した例も多く報告されている（Hamilton, 1990; Sakai & Write, 2008 等）。特定の送粉者と共生関係を結び，二型花柱性として繁殖していたボチョウジ属の祖先集団は，どのようにして世界中の大陸や島々に分布を拡大し，種分化・適応放散を繰り返していったのだろうか。そして，ボチョウジ属の急速な適応放散や種分化に，その性表現と繁殖様式はどのような役割を果たしてきたのだろうか。これらの問いに答えるためには，小笠原諸島以外に生育するボチョウジ属の繁殖様式を知ることが欠かせない。

3.1. 琉球列島・台湾産ボチョウジ属4種の性表現

　小笠原諸島のボチョウジ属2種は，海洋島にもかかわらず，花形態にはS，Lの2タイプが認められ，受粉実験の結果は同型花不和合性が維持されていることを示していた。それでは，大陸島である琉球列島に分布するボチョウジ属はどうだろうか。琉球列島にはボチョウジ *P. asiatica*（かつて *P. rubra* とされていた），ナガミボチョウジ *P. manillensis* という低木2種，そしてつる性のシラタマカズラ *P. serpens* の3種が生育している（図6）。さらに，琉球列島に連なる台湾島にはボチョウジ，シラタマカズラ，台湾の離島である蘭嶼（らんしょ）にはナガミボチョウジとコウトウボチョウジ *P. cephalophora* が分布する（図7）。私は修士課程を修了した後，沖縄の高等専門学校に就職していた。

沖縄に移ってからも，菅原先生とは共同で，ボチョウジの仲間やその他の琉球列島の植物の性表現を調べることになった。

　中国大陸から琉球列島，そして九州・四国の一部にも分布するシラタマカズラは，つる性で白い果実をつける（図6-a, b）点で，ボチョウジ属の他の多くの樹木性種と大きく異なる。小笠原諸島の固有種オオシラタマカズラは，このシラタマカズラが小笠原諸島にたどり着いて，固有種に進化したと考えられている。シラタマカズラの花を詳しく調べてみるとSとLの2タイプをもつ二型花柱性であることがわかった（Sugawara *et al.*, 2013。図7-a, b）。受粉実験や野外での自然結果率を調べた結果，二型花柱性として機能していることも明らかとなった。明るい林縁で花を咲かせるため，これから紹介するボチョウジやナガミボチョウジと比較しても，かなり多くの種類の昆虫が訪花しており，送粉を担っていると考えられる（Sugawara *et al.*, 2016）。

　琉球列島のボチョウジは，絶滅危惧種の亜高木オガサワラボチョウジとは異なり，イタジイ林の林床で普通にみられる低木種である。花は一見，二型花柱性のように見える（図7-c, d）。しかし，Lタイプのような花は雄しべに花粉をもたず，Sタイプの株は果実をつくらない。形態的には二型花柱性的だが，機能的に雌雄異株であることがわかった。ボチョウジ属における雌雄異株の種は，ハワイ諸島の固有種についで2例目だった（Watanabe *et al.*, 2014b）。ボチョウジの雌雄異株性は，形態に残る痕跡から二型花柱性から進化した可能性が高いと考えられた。

　二型花柱性から雌雄異株性への進化は，これまで世界から10例ほど知られている（Watanabe & Sugawara, 2015）。この進化を引き起こした要因としては，Beach & Bawa（1980）によるポリネーターシフト仮説が有名である。この仮説では，本来長い口吻をもつガのような昆虫に送粉されていた花筒の細長い二型花柱性の花が，何らかの原因でハチのような短舌昆虫にのみ訪花・送粉されるようになることを想定している。この場合，短舌昆虫は花筒の奥で分泌される花蜜には口器（舌）が届かないため，花筒の外に出たSタイプの花粉を利用するために訪花する。このポリネーターシフト（送粉者の変化）が起こると，短舌昆虫は花筒の低い位置にあるSタイプの柱頭やLタイプの葯に触れることができない。その結果，Sタイプの雄しべから花粉を持ち出し，Lタイプの花外に突出した柱頭に花粉を届けることになり，Sタイプからlタイプへ，片方向への花粉の流れができる。この片方向（Sから

図6　琉球列島に分布するボチョウジ属植物

a：林縁の明るい地面近くで花を咲かせるシラタマカズラ。つる性で，明るいギャップや林縁の地上や樹上で花を咲かせる（沖縄島名護岳　2010年5月）。**b**：シラタマカズラの果実（沖縄島名護岳　2012年1月）。**c**：ボチョウジとナガミボチョウジが生育する林床。ボチョウジは非石灰岩地，ナガミボチョウジは石灰岩地にすみ分けているが，土壌の接触地域では両種が同所的に出現する（沖縄島嘉津宇岳　2010年1月）。**d**：ボチョウジの果実（沖縄島名護岳　2012年1月）。**e**：ナガミボチョウジの果実。ボチョウジの果実よりもやや大きく，種子は細長い半球形（沖縄島那覇市末吉公園　2012年1月）

L）への送粉が続き，低い位置にあるSタイプの雌しべとLタイプの雄しべが機能を失うことで，二型花柱性から雌雄異株が進化するというというのがこの仮説だ。（この状況は，花筒の長い二型花柱性の花（図2-a）の下半分を手で隠すと理解しやすい。Sタイプが雄花に，Lタイプが雌花に見えないだろうか？）。ボチョウジの花も，口器の短い狩りバチやアブなどが主な送粉者であることから，こうしたプロセスで雌雄異株になった例なのかもしれない。

　ナガミボチョウジは，外見はボチョウジとよく似ていて，慣れないとなかなか区別が難しい。ボチョウジは基本的に非石灰岩地にしか生育しないのに

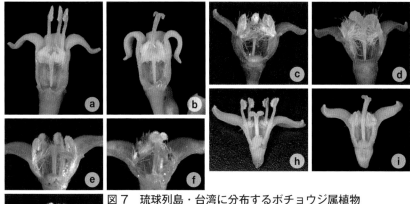

図7　琉球列島・台湾に分布するボチョウジ属植物
シラタマカズラ（二型花柱性）のSタイプ（**a**）とLタイプ（**b**），ボチョウジ（雌雄異株）の雄花（**c**）と雌花（**d**），ナガミボチョウジ（雌雄異花同株や雌株を含む雑居性）の雄花（**e**），雌花（**f**），両生花（**g**），コウトウボチョウジ（二型花柱性）のSタイプ（**h**）とLタイプ（**i**）

対し，ナガミボチョウジは主に石灰岩地に生育している。例えば沖縄島の南部は琉球石灰岩を母岩としており，一方の北部は非石灰岩地である。大まかに言えば，ボチョウジを見るには北のイタジイ林へ，ナガミボチョウジを見るには南の石灰岩林に行けばいい。ナガミボチョウジの花は，ボチョウジの花と良く似ており，雄花と雌花が認められた（図7-e, f）。しかし，さらに調査を進めると不完全な形ながら両性花も見つかってきた（図7-g）。さらには雄花と雌花両方つける個体まで見つかり始めた。3年間，5つの集団で調べた結果，雄株，雌株，雌雄異花同株を集団中に含む雑居性という複雑な性表現であることがわかった（Watanabe *et al.*, 2020）。ナガミボチョウジに見られた雑居性は，二型花柱性を祖先とする分類群では全く例がない。この複雑な性表現の進化過程について，現時点でわかっていることはほとんどないが，ナガミボチョウジが8倍体であることを考えると，倍数化がこの進化に関与しているのではないかと考えている。アジア産のボチョウジ属は，一部のサンプルの入手が困難なため，正確な系統樹が得られておらず，進化の背景を明らかにするにはもう少し時間がかかりそうだ。

　最後に台湾の離島，蘭嶼のコウトウボチョウジについて紹介しよう。琉球のボチョウジ属を調べているうちに，台湾の共同研究者の協力により，コウトウボチョウジの性表現を調べる機会を得た。蘭嶼はもともと海底火山で，

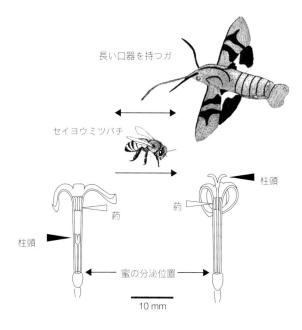

図8 オガサワラボチョウジの送粉
（Watanabe *et al.*, 2018 より
改変）
本来は口器の長いガにより双方向に送粉されていたと考えられるが、現在は主に外来種のセイヨウミツバチによりSからLへ片方向に送粉されている

台湾本土と繋がったことがないため，地質学的には海洋島とされる。しかし，生物相豊かな台湾から 60 km しか離れていない。コウトウボチョウジの花序は，丸い頭状で良い香りがする。花形態を詳しく調査することにより蘭嶼のコウトウボチョウジの形態的二型花柱性が確認された（図7-h, i）。柱頭の受粉・花粉管伸長実験から，コウトウボチョウジは機能的にも同型花不和合性をもつことが確かめられた（Watanabe *et al.*, 2015）。

3.2. オガサワラボチョウジの片方向の送粉

　さて，話はオガサワラボチョウジに戻る。オガサワラボチョウジは海洋島である小笠原諸島で形態的，機能的に二型花柱性を維持していた（Watanabe *et al.*, 2014 a）。海洋島で二型花柱性としての繁殖を保証している有効な送粉者は誰なのだろうか。オガサワラボチョウジは白く細長い花をもち，ガが好みそうな甘い香りを出しており，典型的なガ媒花に見える。しかし，野外で観察してもほとんどガが来ない。代わりに外来種であるセイヨウミツバチばかりが花粉を求めてやってきていた（Watanabe *et al.*, 2018）。セイヨウミツバチは花筒の奥に隠された蜜にはアクセスできず，ただ花粉のみを利用して

いた（主に雄しべの突出したSタイプの花粉を集めるが，まれにLタイプの花粉も集める）。そして花筒の奥にあるSタイプの雌しべにも物理的に触れることができないため，SタイプからLタイプへの片方向への送粉を担っていると考えられた（図8）。実際，野外ではLタイプはSタイプに比べはるかに多くの果実を作っていた。海洋島の生態系は人為的攪乱に対し，極めて脆弱である。小笠原諸島でも外来種のグリーンアノールの捕食による昆虫相の衰退や，移入種セイヨウミツバチによる在来ハナバチの減少が報告されている（Kato *et al.*, 1999; Abe, 2006）。人為的な影響ではあるが，現在のオガサワラボチョウジはまさに，Beach & Bawa が提唱したポリネーターシフトによる片方向の送粉のような状況に置かれている。海洋島で二型花柱性が少ないのは，送粉者相が貧弱なうえに，不安定なことが一因なのかもしれない。異型花柱性も雌雄異株も，その植物に適した送粉者の存在が必要不可欠だが，異型花柱性では特定の送粉者に依存する傾向がより強く，この影響をより顕著に受けることが予想される。オガサワラボチョウジは，現在送粉者不足により果実を沢山作れない上，種子をネズミに食害されたり（渡邊ら，2003），生育適地が失われたりしたことにより，父島では更新がほとんど見られない極めて危機的な状況にある（渡邊ら，2009）。最近母島石門周辺では更新している個体群が見つかり，わずかな希望が出てきたが（須貝ら，2016），絶滅の危険があることには変わりない。

3.3 そしてハワイへ：ハワイ産ボチョウジ属の進化

オガサワラボチョウジは，白く長い花をもつという特徴から，ハワイ諸島のボチョウジ属3種と併せ *Pelagomapouria* 節を成す（Yamazaki, 1993）。ハワイ諸島からは，この *Pelagomapouria* 節の3種の他に，この3種よりもはるかに小さな花をつける *Straussia* 節8種が知られている（図9, 10）。かつて，両節の祖先は別の系統が独立に島にたどり着いたとされていたが，後の分子系統解析から，11種すべてが単一祖先から諸島内で種分化したこと，さらには花の長い *Pelagomapouria* 節から花の短い *Straussia* 節が進化したことがわかってきた（Nepokroeff *et al.*, 2003）。ハワイのボチョウジ属は，二型花柱性から雌雄異株へ進化したとされる最も有名な例の1つだ（Beach & Bawa, 1980）。ハワイのボチョウジ属はどのように二型花柱性から雌雄異株

図 9　ハワイ諸島に分布するボチョウジ属植物①　*Pelagomapouria* 節
a, **b**: *Phychotria hobdyi* の花序（**a**）と花の断面（**b**）。花は長さ 25 mm にもなる。**c**: *P. hobdyi*
の花に訪花し吸蜜するメジロ。ハワイでは外来種。**d**: *P. grandiflora* の花序。**e**, **f**: *P. hexandra*（不
完全雌雄異株）の雄花（**e**）と雌花（**f**）。*P. hobdyi* と *P. grandiflora* の緩やかにカーブした花は，
固有鳥類ハワイミツスイに適応した形と考えられる。

に進化し，祖先的な長い花はどのように矮小化したのだろうか？　いつかハ
ワイのボチョウジ属の性表現を調査したい。そう願い続けていたところ，つ
いに職場の在外研究員制度を利用してハワイ大学で 1 年間研究するチャンス
に恵まれることになった。

　まずはこの 1 年間で，ハワイ諸島のボチョウジ属全 11 種の性表現と花形
態，そして送粉者を明らかにしたいと考え，連日の野外調査を実施した（図
9, 10, 13）。ハワイのボチョウジ属は，すでに系統樹が描かれ，分岐年代と
各島に移入した順序が推定されていた（Ree & Smith, 2008）。この系統樹に
性表現と送粉者のデータをのせることで，その進化の過程を推定することが
できる。観察と実験の結果，祖先的な *Pelagomapouria* 節 3 種のうち，

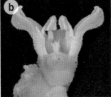

図 10　ハワイ諸島に分布するボチョウジ属植物② *Straussia* 節
Pelagomapouria 節の大きな花に対して，*Straussia* 節の花は小さい。**a**: *P. kaduana*（不完全雌雄異株）の雄花（左）と雌花（右）。長さは 4 mm 程度。**b**, **c**: *P. hathewayi*（不完全雌雄異株）の雄花（**b**）と雌花（**c**）。**d**: *P. hawaiiensis* に訪花し吸蜜するカメハメハチョウ。

Psychotria hobdyi と *P. grandiflora*（図 9-a～d）の 2 種は，雌株と両性株が集団内に共存する雌性両全性異株，*Pelagomapouria* 節の残りの一種 *P. hexandra*（図 9-e, f）は，まれに果実をつくる雄株と雌株からなる不完全雌雄異株だった。これら祖先的 3 種は，性的二型性が認められたことになるが，形態的にはいずれも，二型花柱性の L タイプに似て柱頭が花筒から突出しており，自家和合性が認められた（図 9-b, e, f）。一方の *Straussia* 節の 8 種は，全て不完全雌雄異株で，ボチョウジの雄花・雌花のような二型が認められた（図 10-a～c）。さらに，祖先的な *Pelagomapouria* 節の *P. grandiflora* と *P. hobdyi* の 2 種は鳥媒花（図 9-c），*P. hexandra* はガ媒花，残りの *Straussia* 節 8 種はカリバチ類，ミツバチ類，ハエ類，小型の蛾，チョウ類などが訪花する虫媒花であることがわかってきた（図 10-d）。

　これらの結果を系統樹と併せて考えると進化の道筋が見えてくる（図 11, 12）。まず，ハワイ諸島のボチョウジ属は，これまで考えられていたように，二型花柱性から直接雌雄異株に進化したとは考えにくい。むしろ，いったん L タイプのみの自殖可能な単型に崩壊した後に，二次的に雌雄異株化した可能性が高い。つまりこれまで進化の袋小路であると考えられていた「二型花柱性から自殖性単型への崩壊」の後に，さらなる性表現の多様化が起きた可能性を示している。さらに，長い花から小さな花への進化，そしてガ媒花か

表1　東アジアの島嶼域、およびハワイ諸島におけるボチョウジ属植物の繁殖様式

種	小笠原諸島 (海洋島)		琉球列島 (大陸島)		
	オガサワラ ボチョウジ	オオシラタマ カズラ	シラタマ カズラ	ボチョウジ	ナガミ ボチョウジ
生育型	亜高木	つる	つる	低木	低木
花筒の長さ	長い	短い	短い	短い	短い
送粉者	ガ *1	ハナバチ・カ リバチなど *1	カリバチ・ ハナバチ・ チョウなど	カリバチ・ ハエなど	カリバチ・ ハエなど
性表現	二型花柱性	二型花柱性	二型花柱性	雌雄異株	雑居性

*1: 現在は主に外来種であるセイヨウミツバチにより送粉されている
*2: 現在は自然条件下での送粉が確認されていない
*3: 現在は主に外来種であるメジロにより送粉されている

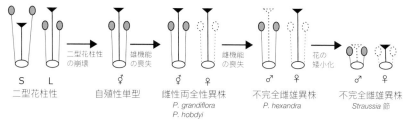

図11　ハワイ諸島産ボチョウジ属における性表現進化の模式図

ら鳥媒花・短舌の昆虫媒花への進化は，いずれもカウアイ島内で生じた可能性が高い（図12）。私は当初，送粉者の変化とそれに伴う花の矮小化は，ハワイ諸島内の島から島への移動がきっかけとなって引き起こされたと考えていたが，その予想は間違っていたようだ。送粉者の変化と花の矮小化が1つの島内で生じたとすると，そのような進化を引き起こす要因が何だったのか，さらなる疑問が湧いてくる。

4. 島の植物の異型花柱性・雌雄異株性・自殖性

　こうして東アジアの島嶼域，およびハワイにおけるボチョウジ属の性表現が一通り明らかになった（表1）。一方で，新たな謎も増えた。例えば，ボチョウジの雌雄異株性やナガミボチョウジの雌雄異花同株性が，いつどこでどのように進化したのかはまだわかっていない。小笠原諸島のオガサワラボ

蘭嶼島（海洋島）	ハワイ諸島（海洋島）			
	Pelagomapouria 節			Straussia 節
コウトウボチョウジ	P. grandiflora	P. hobdyi	P. hexandra	8 種
低木	矮小低木	亜高木	亜高木	低木
やや長い	長い	長い	長い	短い
カリバチ・ガ？	鳥 *2	鳥 *3	ガ	カリバチ・ハナバチ・ハエ・チョウなど
二型花柱性	雌性両全性異株	雌性両全性異株	不完全雌雄異株	不完全雌雄異株

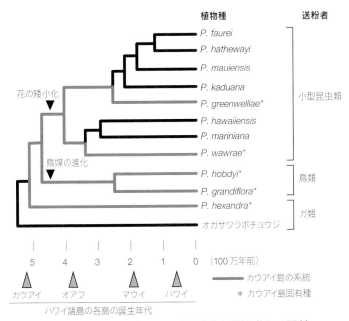

図12　ハワイ諸島産ボチョウジ属11種の進化と送粉者との関係 （系統樹は Ree & Smith, 2008 を改変）

チョウジやオオシラタマカズラ，蘭嶼島のコウトウボチョウジが二型花柱性を維持していることは，海洋島においても二型花柱性が考えられていたほどにはまれではない可能性を示している。一方で，オガサワラボチョウジが本

図13　ハワイ諸島で調査したボチョウジ属の植物
a: オヒアの新しい林に生育する *P. hawaiiensis*（2018年7月ハワイ島）。**b**:10 mにもなる高木で、林冠に花を咲かせる *P. hobdyi* 。メジロが訪花中（2018年7月カウアイ島）。**c**: 3 m以下の矮性低木で地表近くにも花を咲かせる *P. grandiflora*（2018年7月カウアイ島）

来の送粉者を失い，片方向への送粉が生じていることは，海洋島の不安定な送粉者相が二型花柱性の崩壊を引き起こす可能性を示している。さらに，ハワイ諸島で二型花柱性が自殖型単型を経て雌雄異株に進化したことは，海洋島では植物が移入するときには自殖型が有利であることや，自殖型の植物が島内で雌雄異株へ進化する傾向（Carlquist, 1974）を支持しているように思える。

　島で他殖が有利だとすると，自殖可能な植物が自殖を防ぐためには，雌雄異株に進化することが1つの方法だろう。雌雄異株性の進化は，生殖器官が機能を失う突然変異により比較的簡単に達成されると考えられている（Baker & Cox, 1984）。部分的に自殖する性質を残した「不完全雌雄異株」は，この両全性から「雌雄異株への進化の途上」という形で説明されることが多い。しかし，島では時として自殖が有利となる状況も十分に考えられる。島で雌雄異株化した植物の多くが，「不完全雌雄異株」にとどまっているのは，こ

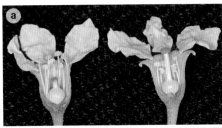

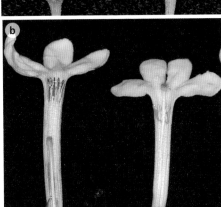

図 14　海流散布する二型花柱性植物
a: ミズガンピ（二型花柱性）の S タイプ（**左**）と L タイプ（**右**）。雄しべの葯が 2 輪に配置され、三型花柱性から二型花柱性に進化した可能性がある。**b**: ハテルマギリ（二型花柱性）の S タイプ（**左**）と L タイプ（**右**）。

の一見中途半端な状態で、実は進化的に安定しているということなのかもしれない。紹介したように、ハワイのボチョウジ属もその多くが「不完全雌雄異株」である。

　一方の二型花柱性を含む自家不和合性は、遺伝的に複雑なシステムなので、島で送粉者の不足により崩壊することはあっても、島内で独自に進化することは難しい（Box 参照）。そこで、島では同じ他殖型の性表現でも、自家不和合性は少なく、雌雄異株性は多いという、一見矛盾した現在の状況が生じているのかもしれない。

おわりに

　島と異型花柱性の研究を通して、沢山の魅力的な人々、素晴らしい島々の自然と動植物に出会うことができた。この研究の期間、私を突き動かしたのは、時折訪れる意外な発見の興奮だった。自然を注意深く調べていると必ず当初の予想とは異なる現象に行き当たる。予想外の発見の瞬間だ。自分が立

てた仮説は，いつもちっぽけで，自然はいつも想像を超えている。自分の仮説が間違っていたと判明したとき，感じるのはいつも悔しさではなく，純粋な喜びだ。

　現在は，菅原先生らのグループと協力して，ミズガンピ *Pemphis acidula*（ミソハギ科ミズガンピ属。Sugawara *et al.*, 2018）やハテルマギリ *Guettarda speciosa*（アカネ科ハテルマギリ属。Hoshino *et al.*, 2019），ボロボロノキ *Schoepfia jasminodora*（ボロボロノキ科ボロボロノキ属）の二型花柱性について調査を進めている。このうちミズガンピとハテルマギリは，海流散布で広く世界に分布し，多くの島々で二型花柱性を維持している（図 14-a, b）。これらの植物が，島でどのように二型花柱性を維持しているのか，それが海流散布や海岸性である事とどのような関連があるのか，興味深い。

　これからは，島における二型花柱性の生物学をより大きなスケールで調べたい。島の面積や大陸からの距離，あるいは動物相と性表現の進化の間に，どのような関係があるのか。多くの島に分布するボチョウジ属のような特定の系統群に注目することで，フローラ（植物相）を漠然と眺めていてはわからない関係性が見えてくるのではないか。二型花柱性や，そこから始まる性表現の多様化が，どのようにボチョウジ属の圧倒的な種多様性をもたらしたのだろうか。島の自然を見つめ続けることで，こうした問いに対する解決の手がかりを予期せぬ形で与えられるのではないかと期待している。

謝辞

　この研究を続けることができたのは，共同研究者・協力者の方々のサポートと，植物や動物たちとの出会いに恵まれたためです。野外での発見を学術論文としてまとめる技術を身につけることができたのは，恩師である菅原敬先生の忍耐強いご指導と叱咤激励のおかげです。またムニンハナガサノキとムニンアオガンピの写真は，菅原先生から提供を受けました。図版のデザインや挿絵のスケッチは妻の西原千尋さんにご協力いただきました。責任編集の川北篤さん，匿名の査読者，文一総合出版の菊地千尋さんには本稿について貴重なコメントをいただきました。以上の方々に深く感謝し，ここにお礼申し上げます。

引用文献

Abe T. 2006. Threatened pollination systems in native flora of the Ogasawara (Bonin) Islands. *Annals of Botany* **98**: 317–34.

Baker, H. G. & P.A. Cox. 1984. Further thoughts on dioecism and islands. *Annals of the Missouri Botanical Garden* **71**: 244–253.

Barrabé L. *et al.* 2013. New Caledonian lineages of *Psychotria* (Rubiaceae) reveal different evolutionary histories and the largest documented plant radiation for the archipelago. *Molecular Phylogenetics and Evolution* **71**: 15–35.

Barrett, S. C. H. 2013. The evolution of plant reproductive systems: how often are transitions irreversible? *Proceedings. Biological sciences / The Royal Society* **280**: 20130913.

Beach, J. H. & K. S. S. Bawa. 1980. Role of pollinators in the evolution of dioecy from distyly. *Evolution* **34**: 1138–1142.

Carlquist, S. 1974. Island biology. Columbia University Press, New York.

Charlesworth, D. 1984. Androdioecy and the evolution of dioecy. *Biological Journal of the Linnean Society* **22**: 333–348.

Crawford, D. J. *et al.* 2011. The reproductive biology of island plants. *In*: Bramwell, D. & J. Caujape-Castells (eds.), The biology of island floras, pp.11–36. Cambridge University Press, New York.

Darwin, C. 1877. The different forms of flowers on plants of the same species. John Murray, London.

Darwin, C. 1887. The life and letters of Charles Darwin. John Murray, London.

Davis, A. P. *et al.* 2009. A Global Assessment of Distribution, Diversity, Endemism, and Taxonomic Effort in the Rubiaceae1. *Annals of the Missouri Botanical Garden*, **96**: 68-78.

Hamilton, C.W. 1990. Variations on a distylous theme in Mesoamerican *Psychotria* subgenus *Psychotria* (Rubiaceae). *Memoirs of the New York Botanical Garden* **55**: 62–75.

Huu, C. N. *et al.* 2016. Presence versus absence of CYP734A50 underlies the style-length dimorphism in primroses. *eLife* **5**: 1–15.

Hoshino, Y. *et al.* 2019. Distyly and reproductive nature of *Guettarda speciosa* L. (Rubiaceae) occurring in Japan and Taiwan. *Journal of Japanese Botany* **94**(6): 342-353.

Kato, M. & H. Nagamasu. 1995. Dioecy in the endemic genus *Dendrocacalia* (Compositae) on the Bonin (Ogasawara) Islands. *Journal of Plant Research* **108**: 443–450.

Kato, M. *et al.* 1999. Impact of introduced honeybees, *Apis mellifera*, upon native bee communities in the Bonin (Ogasawara) Islands. *Population Ecology* **41**: 217–228.

Kawakubo, N. 1990. Dioecism of the genus *Callicarpa* (Verbenaceae) in the Bonin

(Ogasawara) Islands. *The Botanical Magazine, Tokyo* **103**: 57–66.

Kondo, Y. *et al.* 2007. Floral dimorphism in *Psychotria boninensis* Nakai (Rubiaceae) endemic to the Bonin (Ogasawara) Islands. The *Journal of Japanese Botany* **82**: 251–258.

Lewis, D. & D. A. Jones. 1992. The genetics of heterostyly. *In*: Barrett, S. C. H. (ed.), Evolution and function of heterostyly, pp.129–150. Springer-Verlag, New York.

Li, J. *et al.* 2016. Genetic architecture and evolution of the S locus supergene in *Primula vulgaris*. *Nature Plants* **2**: 16188.

Naiki, A. 2012. Heterostyly and the possibility of its breakdown by polyploidization. *Plant Species Biology* **27**: 3–29.

Nepokroeff, M. *et al.* 2003. Reconstructing ancestral patterns of colonization and dispersal in the Hawaiian understory tree genus *Psychotria* (Rubiaceae): a comparison of parsimony and likelihood approaches. *Systematic Biology* **52**: 820–838.

Nishide, M. *et al.* 2009. Functional Androdioecy in *Morinda umbellata* subsp. *boninensis* (Rubiaceae), Endemic to the Bonin (Ogasawara) Islands. *Acta phytotaxonomica et geobotanica* **60**: 61–70.

Oguri, E. *et al.* 2013. Geographical origin and sexual-system evolution of the androdioecious plant *Gynochthodes boninensis* (Rubiaceae), endemic to the Bonin Islands, Japan. *Molecular phylogenetics and evolution* **68**: 699–708.

Pailler, T. *et al.* 1998. Distyly and heteromorphic incompatibility in oceanic island species of *Erythroxylum* (Erythroxylaceae). *Plant Systematics and Evolution* **213**: 187–198.

Ree, R. H. & S. A. Smith. 2008. Maximum likelihood inference of geographic range evolution by dispersal, local extinction, and cladogenesis. *Systematic Biology* **57**: 4–14.

Renner, S. S. 2014. The relative and absolute frequencies of angiosperm sexual systems: Dioecy, monoecy, gynodioecy, and an updated online database. *American Journal of Botany* **101**(10): 1588–1596.

Sakai, A. K. *et al.* 1995. Origins of dioecy in the Hawaiian flora. *Ecology* **76**: 2517–2529.

Sakai, S. & J. Wright. 2008. Reproductive ecology of 21 coexisting *Psychotria* species (Rubiaceae): when is heterostyly lost? *Biological Journal of the Linnean Society* **93**: 125–134.

Stebbins, G. L. 1957. Self fertilization and population variability in the higher plants. *American Naturalist* **91**: 337–354.

須貝杏子ほか. 2015. 小笠原諸島固有種オガサワラボチョウジの保全について(2). 小笠原研究年報 **38**: 65-73.

菅原敬. 2020. 小笠原の植物の進化を垣間見る：性表現の多様性をめぐって. 小笠原研究年報 **43**: 103-111.

Sugawara, T. *et al.* 2004. Dioecy in *Wikstroemia pseudoretusa* (Thymelaeaceae) endemic to the Bonin (Ogasawara) Islands. *Acta Phytotaxonomica et Geobotanica* **55**: 55–61.

Sugawara, T. *et al*. 2010. Dioecy and Pollination of *Morinda umbellata* subsp. *umbellata* (Rubiaceae) in the Ryukyu Islands. *Acta Phytotaxonomica et Geobotanica* **61**: 65–74.

Sugawara, T. *et al*. 2013. Distyly in *Psychotria serpens* (Rubiaceae) in the Ryukyu Islands, Japan. *Acta Phytotaxonomica et Geobotanica* **64**: 113–122.

Sugawara, T. *et al*. 2014. Incompatibility and reproductive output in distylous *Psychotria boninensis* (Rubiaceae), endemic to the Bonin (Ogasawara) Islands, Japan. *Journal of Japanese Botany* **89**: 22–26.

Sugawara, T. *et al*. 2016. Incompatibility and Pollination of Distylous *Psychotria serpens* (Rubiaceae) in the Ryukyu Islands, Japan. *Acta Phytotaxonomica et Geobotanica* **67**: 37–45.

Sugawara, T. *et al*. 2018. Morphological and reproductive nNatures of distyly with two distinct anther levels in *Pemphis acidula* (Lythraceae) occurring in Taiwan and Japan. *Journal of Japanese Botany*. in press

Tsuneki, S. *et al*. 2011. Sexual differentiation in *Ligustrum micranthum* (Oleaceae), endemic to the Bonin (Ogasawara) Islands. *Acta Phytotaxonomica et Geobotanica* **62**: 15–23.

Washitani, I. 1996. Predicted genetic consequences of strong fertility selection due to pollinator loss in an isolated population of *Primula sieboldii*. *Conservation Biology* **10**: 59–64.

鷲谷いづみ. 2006. サクラソウ. サクラソウの分子遺伝生態学, pp1-14. 東京大学出版会.

Watanabe, K. & T. Sugawara,. 2015. Is heterostyly rare on oceanic islands? *AoB Plants* **7**: plv087. 1-16

Watanabe, K. *et al*. 2014 a. Distyly and incompatibility in *Psychotria homalosperma* (Rubiaceae), an endemic plant of the oceanic Bonin (Ogasawara) Islands. *Flora - Morphology, Distribution, Functional Ecology of Plants* **209**: 641-648.

Watanabe, K. *et al*. 2014b. Dioecy derived from distyly and pollination in *Psychotria rubra* (Rubiaceae) occurring in the Ryukyu Islands, Japan. *Plant Species Biology* **29**: 181–191.

Watanabe, K. *et al*. 2015. Distyly and floral morphology of *Psychotria cephalophora* (Rubiaceae) on the oceanic Lanyu (Orchid) Island, Taiwan. *Botanical Studies* **56** (10):1-9

Watanabe, K. *et al*. 2018. Pollination and reproduction of *Psychotria homalosperma*, an endangered distylous tree endemic to the oceanic Bonin (Ogasawara) Islands, Japan. *Plant Species Biology* **33**: 16–27.

Watanabe, K. *et al*. 2020. Polygamous breeding system identified in the distylous genus *Psychotria*: *P. manillensis* in the Ryukyu archipelago, Japan. bioRxiv. DOI: 10.1101/2020.10.14.334318

渡邊謙太ほか. 2003. 小笠原諸島の在来植物に対するクマネズミの食害状況調査. 小笠原研究年報 **26**: 13-31.

渡邊謙太ほか. 2009. 小笠原諸島固有種オガサワラボチョウジの保全について. 小笠原研究

年報 **32**: 11-26.

矢原徹一. 2000. 植物の受精（ダーウィン著作集3）. 文一総合出版.

Yamazaki, T. 1993. *Psychotria* L. *In*: Iwatsuki, K. *et al.* (eds.), pp.225-227. Flora of Japan IIIa. Kodansha, Tokyo.

コラム3　マツグミの花を訪れるメジロ

船本大智（東京大学大学院理学系研究科）

　鳥類は花粉媒介者として重要な動物である（Ratto *et al.*, 2018）。例えば，ハチドリ科，タイヨウチョウ科，ミツスイ科は花蜜食に特殊化した鳥類であり，特に熱帯において多くの植物の花を訪れる（Cronk & Ojeda, 2008）。しかしながら，日本などの東アジアの温帯には，花蜜食に特殊化したこれらの鳥類は分布しない（Cronk & Ojeda, 2008）。したがって，日本では鳥媒花はごく少ないが，ヤブツバキやオオバヤドリギなどの一部の花では鳥類が主要な花粉媒介者である（Yumoto, 1987）。これらの花では，メジロやヒヨドリなどの機会的に花蜜を利用する鳥類が花粉媒介者だ。メジロやヒヨドリは冬期に花をよく訪れる（Yoshikawa & Isagi, 2014）。おそらくこれを反映し，東アジアの温帯に分布する鳥媒花の多くは，秋から冬の寒い時期に咲く（Funamoto & Sugiura, 2017）。

　マツグミ *Taxillus kaempferi* はオオバヤドリギ科の寄生植物で，マツ科などに寄生する（北村・村田, 1979）。マツグミの花は赤色で細長く（図1-a; 北村・村田, 1979），典型的な鳥媒花の特徴に当てはまる（Cronk & Ojeda, 2008）。一方で，マツグミの開花期は7〜8月であり（北村・村田, 1979），秋から冬の寒い時期に咲くという東アジアの温帯に分布する鳥媒花の特徴に当てはまらない。そこで，マツグミの訪花者を明らかにするために調査を行った。その結果，訪花者の大多数はメジロであり（図1-b），昆虫はカリバチ類がごくわずかに訪花しただけだった（Funamoto & Sugiura, 2017）。したがって，マツグミの主要な花粉媒介者はメジロであると考えられる。ただし，メジロの花粉媒介者としての役割をより詳細に明らかにするためには，鳥類の訪花を排除する実験などの今後の研究が必要である。夏期に咲くマツグミにメジロが訪花することは，東アジアの温帯域において鳥類が冬期以外にも花粉媒介者として機能することを示唆する。

　東アジアにおける鳥媒花の研究事例は，これまで少なかった。しかし，主に中国における近年の研究によって，アオイ科（Huang *et al.*, 2018），ゴマ

図1　マツグミの花.
(a) を訪れるメジロ
(b)（Sugiura. 2018 を改変）

ノハグサ科（Qian *et al*., 2017），ツツジ科（Huang *et al*., 2017），ツバキ科（Sun *et al*., 2017），バラ科（Liu *et al*., 2018）などで鳥媒花が報告されている。

参考文献

Cronk, Q & I. Ojeda. 2008. Bird-pollinated flowers in an evolutionary and molecular context. *Journal of Experimental Botany* **59**: 715–727.

Funamoto, D & S. Sugiura. 2017. Japanese white-eyes (Aves: Zosteropidae) as potential pollinators of summer-flowering *Taxillus kaempferi* (Loranthaceae). *Journal of Natural History* **51**: 1649–1656.

北村四郎・村田源. 1979. 原色日本植物図鑑 木本編2. 保育社.

Huang, Z. H. *et al.* 2017. Evidence for passerine bird pollination in *Rhododendron* species. *AoB PLANTS* **9**: plx062.

Huang, Z. H. *et al.* 2018. Sunbirds serve as major pollinators for various populations of *Firmiana kwangsiensis*, a tree endemic to South China. *Journal of Systematics and Evolution* **56**: 243–249.

Liu, C. Q. *et al.* 2018. Are superior ovaries damaged by the bills of flower-visiting birds and does this preclude adaptation to bird pollinators? *Botanical Journal of the Linnean Society* **187**: 499–511.

Qian, Y. F. *et al.* 2017. *Yuhina nigrimenta* Blyth (Zosteropidae) as a bird pollinator of *Brandisia hancei* Hook.f. (Scrophulariaceae) during winter. *Turkish Journal of Botany* **41**: 476–485.

Ratto, F., B. I. Simmons, R. Spake., V. Zamora-Gutierrez., M. A. MacDonald., J. C. Merriman., C. J Tremlett., G. M. Poppy., K. S-H. Peh & L. V. Dicks. 2018. Global importance of vertebrate pollinators for plant reproductive success: a meta-analysis. *Frontiers in Ecology and the Environment* **16**: 82–89.

Sugiura, S. 2018. Japanese white-eyes as flower visitors of *Taxillus kaempferi*. Figshare

Digital Repository.

Sun, S. G. *et al.* 2017. Nectar properties and the role of sunbirds as pollinators of the golden-flowered tea (*Camellia petelotii*). *American Journal of Botany* **104**: 468–476.

Yoshikawa, T. & Y, Isagi. 2014. Determination of temperate bird–flower interactions as entangled mutualistic and antagonistic sub-networks: characterization at the network and species levels. *Journal of Animal Ecology* **83**: 651–660.

Yumoto, T. 1987. Pollination systems in a warm temperate evergreen broad-leaved forest on Yaku Island. *Ecological Research* **2**: 133–145.

第10章 植物・送粉者・防衛アリが織りなす進化

山﨑 絵理 （チューリッヒ大学 進化生物・環境学研究所）

植物と動物の相利共生関係

　地球上の生態系は相利共生関係であふれている。甘露を提供するアブラムシとアブラムシを捕食者から守るアリ，シロアリと消化管内のセルロース分解微生物，大型魚類とその寄生虫を食べる掃除魚など，実に多様な生物がさまざまなサービスを提供しあっている。相利共生関係とは，このように関係し合う双方が利益を得る関係のことだ。

　なかでも植物は，自ら活発に動くことができない分，生活史のさまざまな場面で周囲にいる動物と相利共生関係を築き上げている。花粉を媒介する動物との送粉共生はその代表例だ。種子散布に動物を利用する植物も多く，栄養価の高い果実で鳥などを誘引して離れた場所まで種子を運んでもらっている。

　送粉や種子散布ほど知られていないが，主にアリなどの攻撃性の高い昆虫をおびき寄せて植食性昆虫などを追い払ってもらう「被食防衛共生」をもつ植物も数多く存在する。多くの場合，植物は葉や茎に「花外蜜腺（extrafloral nectary）」と呼ばれる分泌腺をもち，ここから分泌される蜜でボディーガードとなるアリを誘引している。

　これまでに数えきれないほどの生物学者が植物と動物の相利共生関係に魅せられ，どのようなしくみで成り立ち，維持され，変化してきたのかなど，さまざまな観点から研究を行ってきた。これらの研究の多くは，送粉のみ，種子散布のみ，といった具合に単一の相利共生関係に着目したものだ。しかし，ほとんどの植物は複数の相利共生関係を同時にもっている。これらの相利共生の相手となる動物たちが同時に植物にやってくるならば，互いに何らかの影響を与えるのではないだろうか。また，ある動物を誘引するための植物の器官が，別の相利共生の相手に影響を与えることがあるのではないだろうか。そして，このような副次的な相互作用が植物自体に何か影響をしているのではないだろうか。

図1　世界各地のオオバギ属植物

a: オオバギ（*Macaranga tanarius*，沖縄）。**b**: オオバギの幼木。このように葉が大人の掌の何倍もの大きさになることもある。**c**: *M. sinensis*（台湾，蘭嶼）。**d**: *M. capensis*（南アフリカ，クワズール・ナタール州）。**e**: *M. denticulata*（中国，シーサンパンナ）。**f**: *M. vedeliana*（ニューカレドニア）。**g**: *M. havilandii*（マレーシア，ボルネオ島）。**h**: *M. trachyphylla*（マレーシア，ボルネオ島）。**i**: *M. winkleri*（マレーシア，ボルネオ島）

図2　オオバギ属植物の分布域
● : 本稿に登場する調査地の位置

**図3　オオバギ属植物がもつ防衛アリ
への報酬**
a: *M. vedeliana* の花外蜜腺（矢印が示す部分）。**b**: オオバギの食物体（点線で囲まれた部分の白い粒）。**c**: *M. trachyphylla* のアリの営巣場所（＊で示された空洞）。△で示したのは托葉で，内壁に食物体が分泌されている。托葉の下部には狭い隙間があり，アリはここから入って食物体を収穫する。

1. アリをボディガードにする植物

　沖縄や奄美大島を歩いていると，大人の手のひら以上もある丸くて大きな葉を茂らせ，ひときわ目を引く樹木によく出くわす。これがオオバギ（大葉木，*Macaranga tanarius*，図1-a, b）だ。日本に存在するのは奄美大島以南に分布するこのオオバギ1種だけだが，この種が属するオオバギ属（トウダイグサ科）は約300種を含む比較的大きなグループだ（Whitmore, 2008）。アフリカからアジア，太平洋諸島にかけての熱帯・亜熱帯地域に分布しており（図2），特に東南アジアに多くの種が分布する。パイオニアと呼ばれるやや開けた場所を好む植物で，深い森の中よりも道端や川沿いなどの人目に

つきやすい場所に生える。

　オオバギ属の最大の特徴は，アリとの「被食防衛共生」だ。葉などを食べにやってくる植食性昆虫を，アリを使って排除するのだ。オオバギ属のうちほとんどの種が葉に花外蜜腺をもっていて，ここから蜜を分泌する（Fiala & Maschwitz, 1991，図 3-a）。花外蜜腺以外に，食物体 food body という白っぽい粒状の付属体をもつものもある（Fiala & Maschwitz, 1992：図 3-b）。食物体は糖や脂肪，タンパク質を豊富に含んでいて，花外蜜と同様アリの栄養源となる（Heil *et al.*, 1997）。このようなエサを目当てにやってくるアリが植食性昆虫を除去するので，植物に対する食害が軽減される。アリにとっても植物にとってもメリットがある。相利共生関係だ。

　なかでも，東南アジアのマレー半島からボルネオ，スマトラにかけて分布する約 30 種のオオバギ属は，アリとの共生関係をより密接なものに発展させている。これらは「アリ植物 myrmecophyte, ant-plant」と呼ばれ，花外蜜や食物体などのエサをアリに与えるだけでなく，中空になった幹や枝の内部にアリをすまわせている（図 3-c）。この共生アリはシリアゲアリ属かオオアリ属の特定の種で，そのうちどのアリをパートナーにするかはオオバギ属の種ごとにある程度決まっている（市野ら，2008）。共生アリはすみかも栄養源も宿主植物に頼り切っていて，宿主植物なしでは生きていくことができない。アリ植物オオバギ属の方も防衛の大部分を共生アリに頼っているため，彼女たちがいなければ深刻な食害を受け，枯死にまで至る（Itioka *et al.*, 2000）。互いに非常に密接にかかわり合っている相利共生関係だ。

　私が初めてオオバギ属と出会ったのは，大学 2 回生の時だった。もともと植物や昆虫に興味を持っていた私は，高校生の時に熱帯林に関する本（湯本，1999）を読んで，熱帯の個性的な生物の営み，特に周囲の生き物を巧みに利用する植物の生きざまにすっかり心を奪われた。大学に入学した後，一度は熱帯の植物を実際に見に行きたいと思い，熱帯生態学の授業で教鞭をとっていた酒井章子博士（京都大学）に連絡を取って調査に行く機会があればぜひ一緒に連れて行ってほしいと頼み込んだ。研究やフィールドワークのことをよくわかっていない学生を連れて行くのは大きな負担であったと思うが，ご厚意でボルネオ島ランビルヒルズ国立公園（図 2）でのオオバギ属調査に便乗させてもらうことができた。

　当時，酒井博士と修士課程の学生だった石田千香子さんは，アリ植物オオ
バギ属と花粉を媒介する昆虫アザミウマの生態を調べていた。後で詳しく紹
介するが，アリは植物にやってくる昆虫を基本的に追い払うのに，花粉を媒
介する昆虫は追い払われないのだろうか，という疑問を見据えての調査だっ
た。前述のようにオオバギ属ではアリとの関係はよく調べられていたにもか
かわらず，当時はどのように花粉が運ばれているのかもよくわかっていなか
ったので，まずは基礎情報となる送粉様式を明らかにしようとしていたのだ。
私はこの研究の話を聞いたとき，熱帯雨林で繰り広げられる生物どうしの複
雑な関係を想像し，心の底からわくわくした。

　また，実際に目の当たりにしたオオバギ属の姿にも心が踊らされた。その
名の通り大きな葉を茂らせて林縁に堂々と佇む姿，人間が手を伸ばせば牙を
剥いてこちらへ襲いかかるアリ，1つの花序の中に何百と潜んでいる小さな
送粉昆虫アザミウマ。すっかりオオバギ属の虜になり，私も修士課程からオ
オバギ属と防衛アリや送粉者との関係を研究させてもらうことにした。調査
を進めていくうちに，オオバギ属と送粉者の関係は一様ではなく，種によっ
てかなり違いがあることが明らかになった。そして，アリと共生しているが
ゆえの特殊な送粉様式をもつ種が存在することや，送粉様式がアリと植物の
関係の進化にまで影響を与えている可能性も見えてきた。

　以下ではオオバギ属のもつ多様な送粉共生と，アリとの関係について，こ
れまでに研究されてきたことや，私たちが明らかにしてきたことを紹介する。

2. 3つのタイプの花序形態と送粉様式

　オオバギ属では，ほとんどの種が雌雄異株であるという特徴もある。その
ため，何らかの手段で雄株から雌株へ花粉を届けなければ子孫を残すことが
できない。一体どのような手段で花粉を送り届けているのだろうか。また，
オオバギ属は種数が多く，世界のいろいろな場所に分布している（図2）。
アリ防衛の強度が種によって違っていたように，送粉様式にも種による違い
が見られるのだろうか。送粉のしくみは，花や花序の形態から手がかりを得
られることがある。そこで，まずはできるだけ多くの種で花序の形態を調べ，
オオバギ属の送粉様式の全体像を大まかに知る第一歩とすることにした。

　ロンドン，ライデン（オランダ），クチン（マレーシア）など世界各地の
植物標本庫に収められている何百もの標本を見てみると，雄株の小苞葉

図4　オオバギ属の3つの花序タイプ
a〜fは全て雄花序。**b, d, f**は**a, c, e**の丸で囲んだ部分を拡大したものである。**a, b**:
欠損型（*M. coriacea*）。**c, d**: 蜜腺型（*M. sinensis*）。**e, f**: 被覆型（*M. trachyphylla*）。小苞葉
の上に見える小さな昆虫は送粉者*Dolichothrips fialae*である。

bracteoleと呼ばれる花の外側にある器官の形態によって，大きく3タイプ
の花序に分けられることがわかった(Yamasaki *et al.*, 2015, 図4)。まず1つ目
は「欠損型」で，開花前に小苞葉が脱落してしまうか，残るとしても非常に
小さいためほとんど目立たない（図4-a, b）。花は小苞葉に覆われることはな
く露出している。2つ目は「蜜腺型」で，しゃもじのような形の小苞葉に葉
の花外蜜腺とよく似た1〜数個の円盤状のよく目立つ蜜腺をもつ(図4-c, d)。
これも花は小苞葉に覆われておらず，むき出しになっている。3つ目の「被
覆型」では小苞葉が花全体を下からすっぽりと包み込むような形になってい
る（図4-e, f）。花は小苞葉に隠されており，外側からはほとんど見えない。
　これら3つの花序タイプは形態が大きく異なるので，それぞれ異なった
送粉様式をもつことが想像できる。一体どのような送粉様式をもっているの
だろうか。また，その送粉様式は防衛アリと何らかの関係があるのだろうか。

図5　*Macaranga vedeliana*
の雄花序（**a**）と雌花序（**b**,
◁）。

以下では，それぞれの花序形態と送粉様式，アリ防衛との関係について詳しく見ていく。

2.1 欠損型花序の送粉生態：風を味方につける

　欠損型花序をもつ種の送粉生態調査はニューカレドニアで行った（図2）。ニューカレドニアのグランドテール島はオーストラリアから約1200 km 東に位置する南北に細長い島だ。ここではモザイク状に超塩基性の土壌が分布しており，その上にはマキー Maquis と呼ばれる独特の乾燥した低木植生が見られる。それ以外の場所では湿潤な常緑樹林が広がっている。また，島の東西で降水量が大きく異なり，森林の様子もだいぶ変わってくる。このような環境の多様性もあり，四国ほどの面積の中に約3000種以上の植物が生育している。そのうち79％が固有種という，生物多様性という観点から見て非常に貴重な島である（Morat, 1993）。オオバギ属は全部で5種確認されており，少しずつ生育環境は異なるが，いずれも常緑樹林の林縁部や川沿いなどでよく見られる。

　ニューカレドニアのオオバギ属はどの種も雄花序に目立つ小苞葉をもたず，欠損型に分類される。私たちは，中でも最も多く見られた *M. vedeliana*（図 1-f）で詳しく送粉様式を調べることにした。この種では雄花序が時に30 cm を超えるほど長く，ひものように垂れ下がっている（図5-a）。丸くて大きい葉の下から長い雄花序が何本も垂れ下がっている様子は，さながらクラゲか SF 作品に登場する火星人のようだ。雌花は1対の苞葉に挟まれていて，その隙間から5 cm ほどの雌しべの花柱が2本飛び出す（図5-b）。川北

篤博士（現 東京大学），潮雅之博士（京都大学），David Hembry 博士（現アリゾナ大学）に手伝ってもらい，まず雄花序・雌花序それぞれに昆虫がやってくるかどうかから確かめることにした。どちらの花序も蜜を分泌しているような様子はなく，見た目もあまり目立たないので期待はしていなかったが，案の定ほとんど昆虫はやって来なかった。雌花序にいたっては遂に1個体も訪花昆虫が見られなかった。

　ならば検討すべきは風媒の可能性だ。花粉が風に運ばれて雌しべの柱頭に付着しているか調べるために，昆虫が通れないほど細かい網で雌花序を覆う実験を行った。花柱が苞葉から伸び出る直前に網掛けを行って約1週間そのまま置いておき，その後花柱が苞葉から出ている（図5-bのような状態）のを確認して花序を回収した。花柱をアニリンブルー液で染色し，蛍光顕微鏡下で観察を行うと，網掛けを行った花序でも，昆虫が接触していないにもかかわらず，柱頭に花粉が付着しているのが確認された。つまり，花粉が風に乗って柱頭に付着したということだ。さらに，ワセリンを塗ったスライドガラスを雌花序の近くに設置したところ，かなりの量の花粉がスライドガラスに付着した。この結果も，空気中を花粉が飛散するということを示している。欠損型の花序をもつ種，少なくとも今回調べた *M. vedeliana* は風媒らしい。

　これ以外にも，オオバギ属と極めて近縁で欠損型とよく似た花序をもつアカメガシワ属でも，風媒が重要であることを確認している（Yamasaki & Sakai, 2013）。この結果から私は，欠損型花序をもつ他の種でも，多かれ少なかれ風媒が結実に寄与していると考えている。欠損型花序をもつ種では，今回調べた *M. vedeliana* のように花柱が非常に長くなっていたり，柱頭表面がブラシのようになっていたりすることが多いが，これは空気中の花粉を効率良く受け取るための適応なのだろう。また，*M. vedeliana* や他数種で見られるような長く垂れ下がった雄花序も，空気中に花粉を飛散させるための戦略なのかもしれない。このような欠損型の花序をもつ種で，送粉と防衛アリは関与しあっているだろうか？　残念ながら，まだそのような痕跡は見つかっていない。今後研究をすすめていけば，思わぬところにアリの影響が見られるかもしれない。

2.2 蜜腺型花序をもつ種の送粉様式：花序の蜜腺は誰のため？

　私たちは蜜腺型の花序をもつ種として *M. sinensis* をターゲットにした（図

1-c）。*M. sinensis* はフィリピン諸島から台湾の蘭嶼（図2）という小さな島にかけて分布する。私たちは台湾国立自然史博物館の Aleck Yang 博士に蘭嶼を案内してもらい，2年にわたってこの種の送粉様式を調べた。蘭嶼は台湾の南東沖に存在する小さな島だ。海洋島（大陸と一度も繋がったことのない島）であるため固有種も目立つが，台湾とフィリピンの中間に位置しており，両島との共通の生物も多い。分布範囲を考えると，今回ターゲットにした蘭嶼の *M. sinensis* はフィリピン諸島から渡ってきたのだと思われる。しゃもじのような不思議な形をした小苞葉をもっている *M. sinensis* を見るのを，私はとても楽しみにしていた。

　初めて *M. sinensis* に出会ったのは，大天池と呼ばれる火口湖へ向かう登山道だった。図鑑やインターネット上で何度も見てその姿は頭に叩き込まれていたが，実物を目の前にするとやはり感動し，見つけた瞬間思わず駆け寄った。花自体は予想以上に地味で目立たなかったが，その基部にはしゃもじのような特徴的な形の小苞葉が見られ，確かに丸い蜜腺が乗っていた。この花序に一体どのような昆虫がやってくるのだろうか。はたまた，実は風媒で何もやってこないのだろうか。いろいろな想像に胸を膨らませながら調査を開始した。

2.2.1 訪花昆虫が判明

　調査方法は非常に単純だ。捕虫網を持ってひたすら花序の前で仁王立ちし，昆虫がやってくるのを待つ。昆虫が花序に接触したのを確かめたら捕獲する。余裕があれば，捕まえる前に昆虫が花の上でどのような行動をしているのか観察した。初夏の蘭嶼は既に日差しも強く，特に雌株にはそう頻繁に昆虫はやってこないのでじっと待っているのは辛かったが，川北篤博士，仲澤剛史博士（現 国立成功大学），青柳亮太博士（現 森林総合研究所），古川沙央里博士（京都大学）の助けで，のべ24時間近くの観察を行うことができた。

　主に訪花していたのは単独性（社会性をもたない）のハナバチ類で，メンハナバチ属（ムカシハナバチ科）の一種がほとんどだった（Yamasaki *et al.*, 2013：図6）。それ以外にも，ハナアブなどハエの仲間が花序にやってくるのが確認された。彼らの多くは体表にたくさん花粉を付着させていたので，送粉者として十分機能していると考えられる。そして重要なことに，これら訪花昆虫の多くが小苞葉の蜜腺を舐めているところが観察された（図7）。

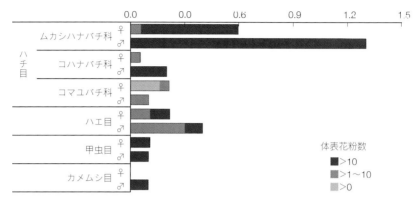

図 6　*Macaranga sinensis* の 1 時間当たりの訪花昆虫数（Yamasaki *et al.*, 2013 を改変）
雌花序・雄花序への訪花昆虫を分けて表し，それぞれの訪花昆虫で確認された体表花粉数
をバーの色で示す。主な送粉者はムカシハナバチ科昆虫であった。体表に十分花粉が付着
していたため送粉者として機能すると考えられる。ムカシハナバチ科およびコハナバチ科
昆虫は全て単独性のハナバチであった。

しゃもじのような特徴的な形の小苞葉は，送粉者に蜜を与える器官として機
能していたのだ。蘭嶼での調査の後，南アフリカのクワズール・ナタール州
（図 2）で *M. capensis*（図 1-d），中国のシーサンパンナ（図 2）で *M.
denticulata*（図 1-e）という蜜腺型花序をもつ種を観察する機会を得たが，
いずれも小苞葉にハナバチが飛来しているところが確認された（山崎，未発
表）。この送粉様式は蜜腺型花序をもつ多くの種で普遍的なのだろう。

2.2.2 しゃもじの蜜腺は，花外蜜腺を転用したものだった

蜜腺型花序をもつ種では，しゃもじ型の小苞葉の蜜腺から分泌される蜜が
送粉者への報酬となっていることが明らかになった。私は，この送粉様式は，
アリとの被食防衛共生をもっていたからこそ獲得できたものだと考えてい
る。以下の 3 点から，蜜腺型花序の小苞葉に存在する蜜腺は葉の花外蜜腺が
変化したもの，つまり花序の蜜腺と葉の花外蜜腺は相同であると考えられる。
①どちらの蜜腺も円盤状で，形態的によく似ている。②小苞葉は葉が変形し
た器官，つまり小苞葉と葉は相同であり，どちらの蜜腺もこれら相同な器官
の上面（厳密に言うと向軸面）に存在する。③ *M. sinensis* で調べた限りでは，
葉と小苞葉から分泌される蜜の糖組成がよく似ている（Yamasaki *et al.*,
2013）。オオバギ属はもともと葉に花外蜜腺をもっていたので，葉と相同な

図7　*Macaranga sinensis* の小苞葉の蜜腺を舐めるハチ（未同定）(Yamasaki *et al.*, 2013 を改変)

器官である小苞葉にも蜜腺をもちやすかったのだろう。葉の花外蜜腺はボディーガードとなるアリを誘引するためのものだが，小苞葉でもつようになった蜜腺は「送粉者の誘引」という新たな機能を獲得したのである。

　このように防衛アリを誘引するための花外蜜腺を送粉者の誘引に転用するようになった例は他のいくつかの植物でも見られる。例えば，アカシア属植物もオオバギ属と同じように多くの種が花外蜜腺をもち防衛アリを誘引する。一方でアカシア属の1種*Acacia terminalis* では，送粉者となる鳥類がこの蜜を舐めにやってくる（Knox *et al.*, 1985）。蜜の分泌量も開花期に増えており，すっかり送粉者への報酬として機能するようになっていることがわかる。また，オオバギ属が含まれるトウダイグサ科植物も多くが葉に花外蜜腺をもっているが，私たちの観察を含めると，これまでにトウダイグサ属，シラキ属，ナンキンハゼ属，シマシラキ属，*Homalanthus* 属などで花序に葉の花外蜜腺とよく似た蜜腺が見られる（Prenner & Rudall, 2007; 山崎, 未発表）。アリと被食防衛共生関係をもっている植物では，このような花外蜜腺の転用は比較的多く見られるのかもしれない。

2.3 被覆型花序をもつ種の送粉様式：小さな送粉者たち

2.3.1 被覆型花序の送粉者

　被覆型花序は，3つの花序タイプの中で唯一，過去にいくつかの種で送粉様式が研究されていた。最初に見つかったのはアザミウマ属 *Dolichothrips*（クダアザミウマ科，図8-a）による送粉で，これまでアリ植物の種を中心に約20種で報告されている（Moog *et al.*, 2002; Fiala *et al.*, 2011; Mound & Okajima, 2015; 山崎未発表）。アザミウマは体長数 mm の小さな昆虫で，厄介な農業害

虫として知られるが，この例のように花粉媒介を担う場合もときどき見られる。アザミウマによって送粉されるオオバギ属種のうち大部分は *D. fialae* のみが訪花するが，一部のグループでは *D. chikakoae*, *D. eriae*, *D. uteae* など複数種がやってくる。このような植物と送粉者の関係の細かい違いがどのように生まれたのかはまだわかっていない。

　この送粉共生の面白い部分は，卵期や幼虫期も含め，送粉者が生活史のほとんどをオオバギ属の花序で過ごす点だ。彼らは開花前から花序にやってきて，小苞葉内側の基部に並んでいる毛状の絨毯のような蜜腺（図 8-b）にストロー状の口器を突き刺して蜜を得る。極めて小さな昆虫なので 1 個体が運ぶことのできる花粉数は限られているが，成虫になるまでの期間が約 2 週間と短く産卵数も多いため，爆発的に個体数を増やすことができる。開花ピークには 1 つの花序に 1000 個体以上もの送粉者が潜り込んでいることもある。そのためトータルで見ると送粉効率はそれほど悪くないようだ（Moog *et al.*, 2002）。

　アザミウマ媒以外には，沖縄や奄美大島に分布するオオバギや東南アジアに分布する数種で小型のカメムシによる送粉が見つかっている（Ishida *et al.*, 2009; Fiala *et al.*, 2011）。特に詳細に調べられているのはオオバギで，送粉者となるのは主にクロヒメハナカメムシ（ハナカメムシ科，図 8-c）やアカヒメチビカスミカメ（カスミカメムシ科）といった，いずれも体長 3 mm 前後の小さなカメムシである。これらカメムシ媒の花序もアザミウマ媒のものとよく似ていて，送粉者カメムシは小苞葉の内側にある球状の蜜腺から吸蜜する（図 8-d）。彼らもまたオオバギの花序の上で一生を過ごし，繁殖も行う。

　アザミウマ媒やカメムシ媒のオオバギ属では，雄花序だけでなく雌花序でも送粉者が繁殖する。雄花序で送粉者が増殖することは花粉の運び手が増えることになるため植物にとって好都合であるだろうが，雌花序で送粉者が増えても花粉の受け取り量は変わらず，植物にとってそれほどメリットはないと考えられる。一体何のために送粉者アザミウマが繁殖できるようになっているのかは未だに大きな謎となっている。

2.3.2 アリは送粉のお邪魔虫？

　前述のように，アザミウマ媒のオオバギ属の多くはアリ防衛の非常に強いアリ植物だ。一般的にアリは植物の防衛に役立つが，花序においてはあまり好ましくない側面がある。アリは植物にやってくる昆虫を見境なく攻撃する

ので，植食者だけでなく，植物にとって必要不可欠な送粉者までも追い払ってしまう可能性があるのだ（Willmer & Stone, 1997; Ness, 2006; Tsuji *et al.*, 2004）。アリによる送粉の妨害は，アリと共生する全ての植物で多かれ少なかれ存在すると考えられるが，アリによる防衛が強いアリ植物では特に深刻だろう。中南米やアフリカの熱帯地域には極めて強いアリ防衛強度を誇るアリ植物アカシアが存在するが，これらは花からアリの嫌がる匂いを出したり，アリが密集する場所から遠ざけて花を配置したりすることでアリによる送粉妨害を抑えている（Willmer & Stone, 1997; Raine *et al.*, 2002; Willmer *et al.*, 2009）。

　それでは，オオバギ属のアリ植物種はどのような戦略で送粉を保証しているのだろうか。これまでに送粉様式が調べられたアリ植物種は，いずれも被覆型の花序をもっており，ほぼ全種が前述のアザミウマに花粉媒介を頼っている（Fiala *et al.*, 2011）。もしかすると，この送粉様式にアリによる送粉妨害を防ぐ秘密が隠されているのかもしれない。私たちはアリ植物オオバギ属での送粉と共生アリの関係を調べるために，マレーシア・ボルネオ島のランビルヒルズ国立公園（図2）で調査を行った。

　ランビルヒルズ国立公園では，高さ80 mにまで到達する巨大なフタバガキ科樹木が優占する熱帯林が広がる。植物の多様性が極めて高く，30年以上前から多くの生態学者がこの森で研究を行っている。オオバギ属の種数も多く，30種近くが確認されており，そのうち半数以上がアリ植物だ。ランビルヒルズ国立公園では，これまで市岡孝朗博士（京都大学）を中心として，アリ植物オオバギ属と共生アリの被食防衛共生関係やそれらを取り巻く生物についての研究が活発に行われている（市岡, 2005; 市野ら, 2008）。この研究も，市岡博士らオオバギ属研究グループの方々の助けがあり達成されたものである。中でも乾陽子博士（大阪教育大学）には研究計画から調査，論文の執筆に至るまで全面的にお世話になった。私と同期で同じくオオバギ研究を活発に行っている清水加耶博士（現・島根大学）には，調査を手伝ってもらったり研究に対して有益なコメントをもらったりするなど，大きく助けていただいた。

2.3.3 アリは送粉に影響しているか？

　私たちはまず，オオバギ属を守る共生アリが送粉に役立つ存在なのか，それとも送粉を邪魔する厄介者なのかを明らかにすることにした。花序に対するアリの効果を調べるためには，花序からアリを取り除く実験が効果的だろ

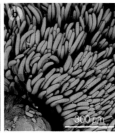
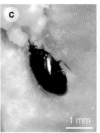

図 8　被覆型花序の送粉者と蜜腺

a: 送粉者アザミウマ（*Dolichothrips fialae*）。**b**: *Macaranga winkleri* の小苞葉の毛状蜜腺。**c**: 送粉者カメムシ（クロヒメハナカメムシ *Orius atratus*）**d**: オオバギの小苞葉の球状蜜腺。しぼんでいるものは，中の蜜が失われているものだと考えられる。

う。私たちはアリ植物 *M. havilandii*（図 1-g）を使って，花序でアリを除去する実験を行った。他の種は樹高が高く樹冠でアリ除去実験のような操作実験を行うことは難しかったが，*M. havilandii* は手の届く範囲に花序をつけるので，この実験に適していた。

　アリ除去実験は，以下のような手順で行った。まず，同じ個体上にあってほぼ同じタイミングで開花しそうな花序を 2 つ選び，これらを 1 ペアとした。このペアのうち 1 花序は「対照区」とし，何の処理も行わずそのまま放置した。もう一方の花序は「アリ除去区」とし，アザミウマが花序にやってくる前から基部に粘着性のスプレーを吹きつけてアリが登って来られないようにした。その後，開花ピーク時に花序上の送粉者アザミウマの密度と花序の食害率（植食性昆虫によるダメージ）を調べた。アリ除去区と対照区で送粉者の密度を比較することでアリが送粉者を妨害しているかを，食害率を比較することでアリが花序の防衛に役立っているかを調べることができる。ただし，雌花序はこの実験の後他の実験にも使用する予定であったため，アザミウマの密度は測定していない。アザミウマの密度を調べるには花序を切り取って個体数を数える必要があるからだ。

　本実験の結果を図 9 に示す。まず，アザミウマ密度はアリ除去区と対照区で変化していなかった（図 9-a）。すなわち，アリがいてもいなくても送粉効率は変わらず，アリは送粉を妨害していないと考えられる。一方で，花序の食害率はアリ除去区で高くなっていた（図 9-b）。このことから，アリは花序の防衛に役立っていることがわかる。本実験を行った *M. havilandii* は例外なのだが，アリ植物オオバギ属の中には花序の苞葉に食物体を分泌する種

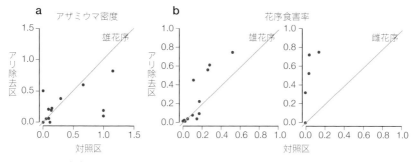

図9 アリ除去実験の結果（Yamasaki *et al.*, 2014 を改変）
a: それぞれの花序ペア（アリ除去区，対照区）のアザミウマ密度。アリ除去区と対照区でアザミウマ密度に差は見られなかった（*t*検定，*p*>0.05）。すなわち，共生アリは送粉者アザミウマを除去していないと考えられる。**b**: それぞれの花序ペアの食害率。アリ除去区で対照区よりも高かった（回帰直線の傾き >1）。このことから，共生アリは花序の防衛に役立っていることがわかる。

図10 *Macaranga winkleri* の花序の苞に分泌された食物体
アリを花序に誘引する機能をもつ。

が多く存在し，この食物体はアリを花序に誘引するのに一役買っている（図10，Yamasaki *et al.*, 2014）。アリ植物オオバギ属にとっては，葉や茎ばかりでなく，花序においてもアリは重要なボディーガードなのだろう。

2.3.4 思わぬ発見：アリはアザミウマを嫌がっている

では，送粉者アザミウマはなぜアリに除去されないのだろうか。彼らは体長2〜3 mm の極めて小さな昆虫である。おまけに飛翔能力にも乏しく，素早く飛んで逃げることができない。このようなハンディがあるにもかかわらず，彼らはアリがあたりをうろうろしている中，悠々と花序で生活を営んでいるのである。アリ植物オオバギ属の花序では何枚もの小苞葉が花を覆うようにウロコ状に並んでおり（図4-e, f），アザミウマはこの小苞葉の狭い隙間

にいることが多い。おそらく，1つにはこの小苞葉がアザミウマをアリから守る隠れ家のような役割を果たしていると思われる。しかし，それで十分なのだろうか。花序を観察していると，アザミウマが花序の表面をチョロチョロと歩き回っているところがよく見られる。約65%と比較的高い結実率（Moog *et al.*, 2002）は，アザミウマが個体内や個体間で活発に移動していることを示唆する。このような状況でなぜアザミウマはアリに追い払われないのだろうか。思いを巡らせながら森の中を歩いていた時，ふと「本当にアザミウマはアリに攻撃されるのだろうか？」という疑問が頭をよぎった。そこで，手近に生えていたアリ植物 *M. trachyphylla*（図1-h）の幼木の葉の上に，採ってきたばかりの送粉者アザミウマを置いてみることにした。葉の上ではおびただしい数のアリがパトロールしていた。このような葉の上に他の昆虫を乗せてみた場合，大抵すぐにアリが集まって強靭な顎で噛みつき，最終的に侵入者は葉縁に運ばれて捨てられてしまう。小さなアザミウマなど当然ものの数秒で噛みつかれて除去されてしまうだろうと想像しながら，アリたちの中にアザミウマを放り込んだ。しかし，予想外の出来事が起こった。アザミウマは数分経ってもアリに攻撃されることなく，うろちょろと葉の上を歩き回っていたのだ。もちろんその間に何度もアリと遭遇するのだが，どういうわけか攻撃を受けない。

　そこで，アリとアザミウマが出会う瞬間を注意深く観察してみたところ，面白いことに気がついた。両者が出会うと，まずアザミウマが腹部を反らせて相手に肛門を突き出すような行動をとる（以降「尻上げ行動」と呼ぶ）。すると，アリは後ずさりをしたり進行方向を大きく変えたりしてアザミウマから遠ざかるのだ。その様子はまるでアザミウマを嫌がって逃げているようだった。この発見をきっかけにアザミウマにアリを撃退する能力があるのではないかと思うようになり，この可能性について調べてみることにした。

2.3.5 アザミウマはアリを撃退しているか？

　「アリがアザミウマを嫌がっている」ことをデータとして示すため，まず実験室内で共生アリに送粉者アザミウマをはじめとしたさまざまな昆虫を与えて行動を観察し，他の昆虫よりもアザミウマに対して逃避行動を多く見せるかどうか調べることにした。実験に使うアリは *M. winkleri*（図1-i）と共生する種を選んだ。このアリはアリ植物オオバギ属と共生する種の中で最も

表1　アリの行動の分類と定義

アリの行動	定義
逃避	触角で実験昆虫（化学物質）に触れた時間が2秒未満で，その後進行方向の角度を変え，速度を上げて実験昆虫（化学物質）から遠ざかる。
触角接触	触角で実験昆虫（化学物質）に触れた時間が2秒未満で，その後進行方向や速度を変えずに実験昆虫（化学物質）から遠ざかる。または，触角で2秒以上触れ続け，その後遠ざかる。
威嚇・攻撃	触角で実験昆虫（化学物質）に触れた後，顎を開くまたは実験昆虫（化学物質）に嚙みつく。

攻撃性が高い（Itioka *et al.*, 2000）。アリに与える実験昆虫は，送粉者アザミウマのほか，ゾウムシ（*Eugryporrhinchus* sp.）とハリナシバチ（*Trigona erythrogastra*）を選んだ。このゾウムシはこれまでオオバギ属の花序でしか見つかっておらず，オオバギ属の花序専門の植食者であると考えられる。もう一方のハリナシバチは，調査地であるランビルヒルズ国立公園ではさまざまな植物の花にやってくる昆虫として知られており，オオバギ属の雄花序に花粉を集めにくることはあるが雌花序にやってくることはなく，送粉者としては役立っていない。

　実験は以下のように行った。まず，プラスチックカップの中に同じ *M. winkleri* 個体から集めた共生アリのワーカーを投入した。アリの密度は，どのカップでも同じくらいになるようにした。数時間カップを放置してアリを落ち着かせた後，実験昆虫を1個体ずつそっとカップの中に入れた。アリと実験昆虫をカップ内で自由に歩かせて両者が10回遭遇するまで観察を続け，それぞれの遭遇時のアリの行動を記録した。アリの行動は，「逃避」，「触角接触（興味はもつが逃避も威嚇・攻撃もしない）」，「威嚇・攻撃」の3つに分類した（表1）。この実験で得られた「逃避」と「威嚇・攻撃」の割合を図11-aに示す。まず「威嚇・攻撃」は，ハリナシバチやゾウムシに対して多く見られ，送粉者アザミウマに対してはほとんど見られなかった。なおこの行動は，ハリナシバチとゾウムシの間で比べてもハリナシバチで格段に多く見られたが，これはハリナシバチとゾウムシの行動の違いによるものだろう。というのも，ハリナシバチは実験中ひっきりなしに歩き回ったり羽を動かしたりしていたが，ゾウムシはひとたびアリに触れられるとその場でじっと動かなくなることが多かった。アリは動くものに敏感に反応して攻撃行動をとるので，ハリナシバチに対してこの行動を多くとったのだろう。

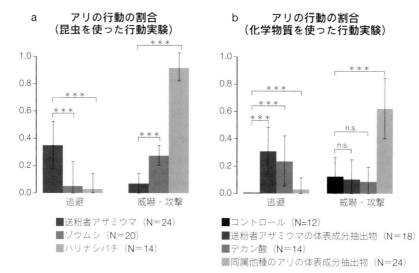

図 11　アリの行動実験の結果（Yamasaki *et al.*, 2016 を改変）
a: 昆虫を用いた実験の結果。送粉者アザミウマはアリに威嚇・攻撃されることはほとんどなく，むしろアリがアザミウマから逃げていくところがよく見られた。**b**: 化学物質を用いた実験の結果。送粉者アザミウマの体表成分抽出物（肛門分泌物の成分と同じ）や，その主成分であるデカン酸でアリ忌避効果が見られた。

　一方，「逃避」行動はハリナシバチとゾウムシを与えた時にはほとんど見られなかったが，アザミウマに対してよく見られた。つまり，私が最初に葉の上のアリとアザミウマを見て感じたとおり，送粉者アザミウマは共生アリに攻撃されることはほとんどなく，むしろアリを忌避させる傾向があることがこの実験から示唆されたということになる。また，この実験を通してアザミウマに対する「逃避」行動は全部で 84 回見られたが，そのうち 57 回はアザミウマが尻上げ行動をした直後に起こった。共生アリが送粉者アザミウマを嫌がる鍵は，どうやらこの尻上げ行動にあるらしかった。

2.3.6 尻上げ行動の謎

　尻上げ行動についても，ふとしたことがきっかけが次の発見につながった。実体顕微鏡でアザミウマを観察していた際，何の気なしにピンセットでアザミウマをつついてみると，ピンセットを敵だと思ったのか，アリに出会った時と同じように尻上げ行動を行った。その時，肛門から黄色っぽい小さな液滴をぷちっと出すのが見られた（図 12）。あまりにも小さいので葉の上での

図12　送粉者アザミウマの尻上げ行動
（Yamasaki *et al.*, 2016 を改変）
送粉者アザミウマはアリと出会うと腹部を
反らせて肛門からアリ忌避物質を分泌し，
アリを撃退する。

2 mm

　観察やプラスチックカップ内での実験では気がつかなかったのだが，実はア
ザミウマは尻上げ行動の時に肛門から液滴を分泌していたのだ。

　さっそく，この液滴に一体どのような成分が含まれているのか調べてみる
ことにした。化学分析を行うため，以下のような方法でアザミウマの液滴を
採取した。

　ゴマ粒よりも小さいアザミウマの，さらに小さい肛門から分泌される液体
だけを採取するのは骨が折れた。まずアザミウマ1個体を入れたガラスシャ
ーレを実体顕微鏡の下にセットし，右手には液滴を染み込ませるためのガラ
ス繊維濾紙片を挟んだピンセット，左手には小さな筆を持つ。アザミウマは
シャーレ内を縦横無尽に歩き回るが，実体顕微鏡を覗きながら何とか筆で捕
まえ，動かないように，しかし潰さないように，絶妙な力加減で頭部から胸
部にかけて抑えつける。すると，アザミウマは即座に尻上げ行動をとり，肛
門から液滴を分泌する。油断していると液滴を引っ込めてしまうので，間髪
入れず濾紙をあてがって液滴を吸収する。アザミウマ1個体分ではあまりに
量が少なかったので，約30個体分を1つの濾紙片に蓄積して，1回の分析
用サンプルとした。

　1個体分ではほとんど匂わなかったが，30個体分の液滴がたまると，古
い油のような，鼻につく嫌な匂いが感じられた。濾紙に染み込ませた液滴を
ヘキサンに溶かし出し，ガスクロマトグラフィーを用いてどのような物質が
含まれているか分析を行った。検出された物質は全て脂肪酸に分類される物
質で，中でも最も多く検出されたのはデカン酸だった（表2）。

　次に，アザミウマの分泌する液滴やその構成成分自体にアリ忌避効果があ
るのか調べるため，化学物質のみをアリに与えてその行動を観察する実験を
行った。方法は先に示したアリの行動実験と似ているが，今回は昆虫ではな

表 2　送粉者アザミウマの肛門分泌物に含まれていた物質とその割合
（Yamasaki *et al.*, 2016 を改変）

物質名	割合（%）
n-ヘプタン酸	0.24
n-オクタン酸	1.17
n-ノナン酸	0.41
n-デカン酸	73.80
未同定物質（炭化水素）	7.48
9-デセン酸	16.89

く物質を塗布した直径 1.5 mm，長さ 5 mm の円柱状のテフロン片をアリに
与えた。使った物質は，①ヘキサンのみ（対照実験），②送粉者アザミウマ
体表成分のヘキサン抽出物（肛門分泌物とほぼ同じ成分），③デカン酸のヘ
キサン溶解液，④同属他種アリ体表成分のヘキサン抽出物の 4 種類である。
④の同属他種アリの体表成分は，アリの攻撃行動を引き起こす物質であるこ
とがわかっている。この物質を実験に含めることで，アリがテフロン片に塗
布した物質を正確に感知し，それに対してしかるべき行動をとるか確かめる
ことができる。
　①〜④の物質はテフロン片表面に滴下し，ヘキサンを完全に揮発させてか
らアリが入っているプラスチックカップへ入れた。今回の実験でも，テフロ
ン片にアリが 10 個体接触するまで観察を続け，それぞれのアリがどのよう
な行動を示すか記録し，②，③，④の結果を①のコントロールと比較した。
この結果が**図 11-b** である。まず，同属他種のアリの体表成分を与えると，
アリは予想通り「威嚇・攻撃」行動をとることが多かった。一方，肛門分泌
物と同じ物質やその主成分であるデカン酸を与えても「威嚇・攻撃」行動は
ほとんど見られず，その代わり「逃避」行動がよく見られた。このことから，
送粉者アザミウマの肛門分泌物自体がアリ忌避物質として機能しており，そ

の主成分であるデカン酸が忌避効果をもつことがわかった（Yamasaki *et al.*,
2016）。

　以上の実験から，送粉者アザミウマはアリ忌避物質を分泌することでアリ
からの攻撃を避けていることが示唆された。アリ植物オオバギ属は，アリか
らの攻撃を受けにくい昆虫を送粉者として利用することで，アリに送粉を妨
害されるのを回避しているのだろう。

2.3.7 アザミウマによる送粉とアリ植物の進化

　オオバギ属でアリ植物とアザミウマ媒がどのように進化してきたかを系統
樹上に示すと図 13 のようになる。図 13 で示した系統樹はアリ植物を含む
グループを中心に，DNA 塩基配列と形態情報をもとに推定された系統樹の
うちの 1 つを示している（Davies *et al.*, 2001）。変化が起こる回数が最も少な
くなるように推定すると，アリ植物の進化は 2〜4 回独立に起こったと考え
られるが，アリの営巣場所である中空の茎の形成過程やアリのエサである食
物体の分泌場所などの種間差を加味して考えると，4 回進化したとするのが
最も妥当であると考えられる（図 13 の＋）。一方でアザミウマによる送粉は，
アリ植物の進化に先立って 1 回だけ起源したと考えられる（図 13 の＊）。オ
オバギ属では，アザミウマ媒というアリに妨害されにくい送粉様式を先に獲
得したことで極めて強いアリ防衛を獲得しやすくなったのかもしれない。一
方，アザミウマ媒になったグループの中にはアリ植物になっていない種も存
在する。これらはアリ防衛を弱くする代わりに，化学的防衛（植食性昆虫に
とって毒となる物質をもつ）・物理的防衛（葉などの組織を固くする）を強
くしていることがわかっている（市岡, 2005）。このような防衛戦略の多様
性には日当たりなど生育環境の違いがかかわっていると考えられるが，はっ
きりしたことはよくわかっていない。

送粉共生と被食防衛共生の進化的関係

　これまでの一連の研究から，オオバギ属では送粉共生と被食防衛共生は，
互いに影響を与え合いながら進化してきたことが示唆された。まず，蜜腺型
花序をもつ *M. sinensis* などの種では，もともと防衛アリを誘引するための
花外蜜腺が送粉者への報酬として転用されていた。これは，被食防衛共生に

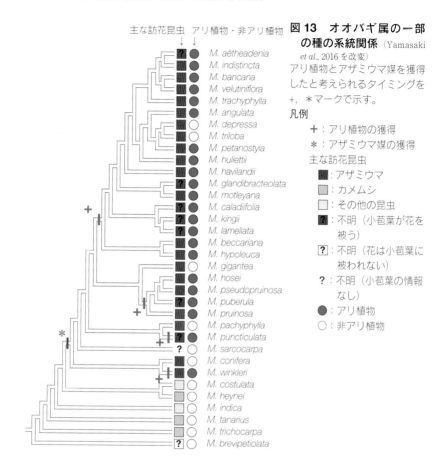

主な訪花昆虫　アリ植物・非アリ植物

図 13　オオバギ属の一部の種の系統関係（Yamasaki *et al.*, 2016 を改変）
アリ植物とアザミウマ媒を獲得したと考えられるタイミングを +，＊マークで示す。

凡例
＋：アリ植物の獲得
＊：アザミウマ媒の獲得
主な訪花昆虫
　：アザミウマ
　：カメムシ
　：その他の昆虫
？：不明（小苞葉が花を被う）
?：不明（花は小苞葉に被われない）
？：不明（小苞葉の情報なし）
●：アリ植物
○：非アリ植物

かかわる形質をもっていたことによって新しい送粉様式の獲得が促進された例だと考えられる。また，アリ植物オオバギ属では，アリから攻撃を受けにくい昆虫（*Dolichothrips* 属昆虫）を送粉者として利用するようになったことで，極めて強いアリ防衛を維持することができるようになった可能性が示唆された。この例は，防衛アリが送粉を妨害するという送粉共生と被食防衛共生の両立を妨げる要因を解消し，2 つの共生関係を安定的に維持できるようになったことで，より強いアリ防衛を獲得できたものだと解釈できる。

　地球上の顕花植物の大部分は動物に送粉を頼っており，その割合は約 9 割に上ると予測している研究もある（Ollerton *et al.*, 2011）。また，アリと被食防衛共生をもっている植物も多く，100 を超える科に属す植物が花外蜜腺を

有している（Weber & Keeler, 2013）。このことから，かなりの数の植物が送
粉共生と被食防衛共生を同時に維持していると考えられる。このような植物
がどのように進化してきたのかを正しく理解するには，送粉共生と被食防衛
共生の進化的関係を考慮に入れることを忘れてはならないだろう。

謝辞

本研究を行うにあたり、本文に登場した研究者の皆様のほか、それぞれの
調査地の方々や京都大学生態学研究センターの皆様のサポートや励ましをい
ただきました。この場を借りて御礼申し上げます。

引用文献

Davies, S. J. *et al.* 2001. Evolution of myrmecophytism in western Malesian *Macaranga* (Euphorbiaceae). *Evolution* **55**: 1542–1559. doi:10.1111/j.0014-3820.2001. tb00674.x.

Fiala, B. & U. Maschwitz. 1991. Extrafloral nectaries in the genus *Macaranga* (Euphorbiaceae) in Malaysia: comparative studies of their possible significance as predispositions for myrmecophytism. *Biological Journal of the Linnean Society* **44**: 287–305.

Fiala, B. & U. Maschwitz. 1992. Food bodies and their significance for obligate ant-association in the tree genus *Macaranga* (Euphorbiaceae). *Botanical Journal of the Linnean Society* **110**: 61–75.

Fiala, B. *et al.* 2011. Pollination systems in pioneer trees of the genus *Macaranga* (Euphorbiaceae) in Malaysian rainforests. *Biological Journal of the Linnean Society* **103**: 935–953.

Heil, M. *et al.* 1997. Food body production in *Macaranga triloba* (Euphorbiaceae): a plant investment in anti-herbivore defence via symbiotic ant partners. *Journal of Ecology* **85**: 847–861.

Ishida, C. *et al.* 2009. A new pollination system: brood-site pollination by flower bugs in *Macaranga* (Euphorbiaceae). *Annals of Botany* **103**: 39–44.

市岡孝朗. 2005. アリ―オオバギ共生系の多様性：生物群集への波及効果. 日本生態学会誌 **55**: 431–437.

Itioka, T. *et al.* 2000. Difference in intensity of ant defense among three species of *Macaranga* myrmecophytes in a Southeast Asian dipterocarp forest. *Biotropica* **32**: 318–326.

市野隆雄ら. 2008. アリ植物とアリ―共多様化の歴史を探る. 種生物学会（編）共進化の生態学, p151–181. 文一総合出版.

Knox, R. B. *et al.* 1985. Extrafloral nectaries as adaptations for bird pollination in *Acacia terminalis. American Journal of Botany* **72**: 1185–1196.

Moog, U. *et al*. 2002. Thrips pollination of the dioecious ant plant *Macaranga hullettii* (Euphorbiaceae) in Southeast Asia. *American Journal of Botany* **89**: 50–59.

Morat, P. 1993. Our knowledge of the flora of New Caledonia: endemism and diversity in relation to vegetation types and substrates. *Biodiversity Letters* **1**: 72–81.

Mound, L. A. & S. Okajima 2015. Taxonomic studies on *Dolichothrips* (Thysanoptera: Phlaeothripinae), pollinators of *Macaranga* trees in Southeast Asia (Euphorbiaceae). *Zootaxa* **3956**: 79–96.

Ness, J. H. 2006. A mutualism's indirect costs: the most aggressive plant bodyguards also deter pollinators. *Oikos* **113**: 506–514.

Ollerton, J. *et al*. 2011 How many flowering plants are pollinated by animals? *Oikos* **120**: 321–326.

Prenner, G. & P. J. Rudall. 2007. Comparative ontogeny of the Cyathium in *Euphorbia* (Euphorbiaceae) and its allies: exploring the organ-flower-inflorescence boundary. *American Journal of Botany* **94**: 1612–1629.

Raine, N. E. *et al*. 2002. Spatial structuring and floral avoidance behavior prevent ant–pollinator conflict in a Mexican ant-acacia. *Ecology* **83**: 3086–3096.

Tsuji, K. *et al*. 2004. Asian weaver ants, *Oecophylla smaragdina*, and their repelling of pollinators. *Ecological Research* **19**: 669–673.

Weber, M. G. & K. H. Keeler. 2013. The phylogenetic distribution of extrafloral nectaries in plants. *Annals of botany* **111**: 1251–1261.

Whitmore, T. C. 2008. The genus *Macaranga*: A prodroms. Kew Publishing.

Willmer, P. G. & G. N. Stone. 1997. How aggressive ant-guards assist seed-set in *Acacia* flowers. *Nature* **388**: 165–167.

Willmer, P. G. *et al*. 2009. Floral volatiles controlling ant behaviour. *Functional Ecology* **23**: 888–900.

Yamasaki, E. & S. Sakai. 2013. Wind and insect pollination (ambophily) of *Mallotus* spp. (Euphorbiaceae) in tropical and temperate forests. *Australian Journal of Botany* **61**: 60–66.

Yamasaki, E. *et al*. 2013. Modified leaves with disk-shaped nectaries of *Macaranga sinensis* (Euphorbiaceae) provide reward for pollinators. *American Journal of Botany* **100**: 628–32.

Yamasaki, E. *et al*. 2014. Production of food bodies on the reproductive organs of myrmecophytic *Macaranga* species (Euphorbiaceae): effects on interactions with herbivores and pollinators. *Plant Species Biology* **29**: 232–241.

Yamasaki, E. *et al*. 2015. Diversity and evolution of pollinator rewards and protection by *Macaranga* (Euphorbiaceae) bracteoles. *Evolutionary Ecology* **29**: 379–390.

Yamasaki, E. *et al*. 2016. Ant-repelling pollinators of the myrmecophytic *Macaranga winkleri* (Euphorbiaceae). *Evolutionary Biology* **43**: 407–413.

湯本貴和. 1999. 熱帯雨林（岩波新書 新赤版 624）. 岩波書店.

コラム4　変わる花の形
わかってきた多様なママコナ属の姿

長谷川匡弘（大阪市立自然史博物館）

　オオママコナという名前を初めて知ったのは，2010年，とある報告書の中だった。今は博物館で学芸員をしているが，まだその職に就く前のことだ。聞いたことのない名前だなと思い，インターネットで検索してみると，当時は写真付きのページが1件だけヒットした。

　……驚愕した。長い……！　花の筒状の部分が普通のママコナの2倍くらいあるだろうか。とにかく長いのだ（図1-e）。その時は他に押し迫った仕事もあり，あまり突っ込んで調べることもできずページを閉じてしまったのだが，その花の長さが強烈に印象に残った。

　ママコナ属 *Melampyrum* はハマウツボ科の一年草で，半寄生の植物である。夏から秋にかけて開花し，尾根や乾いた林床に時に群生して開花しているのを見かける。日本産は冒頭のオオママコナを含めると5種（図1-a～e）。広く分布しているのはママコナ *M. roseum* とシコクママコナ *M. laxum* で，普段見かけるのもこの2種（細かく言うとその変種のいずれか）であることが多い。

　ママコナ属は，世界的にみてもそのほとんどがマルハナバチなどのハナバチが花粉を運ぶポリネーター（送粉者）となっている（例えばKwak, 1988）。日本ではママコナ *M. roseum* var. *japonicum* がHieiら（2001）により調査されているほかは，あまり詳細に調査されたことはないようだが，著者の調査により局地的に分布するエゾママコナや，西日本に分布し絶滅が危惧されているホソバママコナもマルハナバチがポリネーターとなっている可能性が高いことがわかってきた。

ポリネーターと花の形

　これらのポリネーターと，ママコナ属の花の形はとても関連が深い。ママコナ属の場合，花の奥深くにある蜜を得ようと口吻を差しこんだときに，マ

図1　ママコナ属の植物

a: エゾママコナ（*M. yezoense*）。北海道東部の固有種。花のほか，花の基部につく苞の中心部も色づき美しい。**b**: ホソバママコナ（*M. setaceum*）。産地は少なく絶滅が危惧されている。**c**: ママコナ（*M. roseum*）。いくつかの変種が知られる。写真はツシマママコナ（*M. roseum var. roseum*）。**d**: シコクママコナ（*M. laxum*）。ミヤマママコナ（*M. laxum var. nikkoense*）などいくつかの変種が知られる。本稿で紹介するヤクシマママコナ（*M. laxum var. yakusimense*）も変種の1つ。**e**: オオママコナ（*M. macranthum*）。紀伊半島南端部のみに分布。他種（変種）と比べて著しく花が長い。

ルハナバチの頭部〜胸部に花粉が落ち，次の花へ運ばれていく（図2）が，ママコナ属の花の長さ（正確には筒のようになっている部分の長さ）はポリネーターであるマルハナバチの口吻の長さと似通っている。

　これは，主に2つの理由があると考えられる。1つは，マルハナバチは花の入り口から蜜源までの距離と，自身の口吻の長さが近いほうが，採餌効率が良いと考えられており，そのような長さの花を好む傾向がある（Inouye, 1980）ということ。花粉を運んでくれるポリネーターに好まれた個体は，より多くの子孫を残すことができ，マルハナバチに好まれた長さの花は集団で増加していく。もう1つはママコナ側からの理由だ。花の長さがバラバラだと，マルハナバチが口吻を差し込んだ際に，花粉が体につく位置もバラバラになってしまい，もしくはほとんどつかなくなってしまい，次の花を訪れた

図2　ママコナ属の花の構造と送粉者

a: ママコナ属の花。**b**: ママコナ属の葯，柱頭，蜜腺の位置。葯は開花時には下向きに裂開し，花粉を出している。花を訪れた昆虫が，花の奥にある蜜を吸おうとして，頭部や胸部が葯の下に入り花に触れると，振動により花粉が落ちると考えられる。柱頭は花の先端に位置しており，他個体からの花粉を受け取りやすくなっている。**c**: エゾママコナに訪花するエゾトラマルハナバチ。写真よりやや奥まで頭を入れて吸蜜し，花粉は頭部～胸部前縁について次の花に運ばれる。

際に花粉が柱頭につく確率が下がってしまう。つまり効率の良いポリネーターがいると，その形態に合わせるように花の形も一定になったほうが，花粉を効率よく受け取ることができると考えられる（Cresswell, 1998）。

　西日本のママコナ属ではポリネーターがトラマルハナバチ*Bombus diversus*のみの集団が非常に多く，従ってママコナ属の筒状の部分の長さとトラマルハナバチの口吻の長さは類似してくる。こう考えると，オオママコナの長さは異常だ。少なくとも現在日本から知られているハナバチにこんなに長い口をもつ者はいない。いったい何が花粉を運んでいるのか……。

オオママコナにはホウジャク類

　さて，初めてオオママコナのことを知った翌年に，運よく大阪市立自然史博物館に学芸員として就職することができた。博物館では普及教育，標本の整理・作成，展示作成，教員研修，などさまざまな仕事が待ち受けていたが，その合間で研究をすることも可能だった。最初に調べてみたいと考えたのは，もちろんオオママコナのことだ。あの長い花にいったい何が来るのだろう……。しかし，当時はとにかくオオママコナに関する情報がなかった。新種

記載の際の標本が採集されたのは紀伊半島の南部（古座川町）だ，というほかは全く分からず，和歌山県立自然博物館や地元の植物に詳しい方に伺いながら，ようやく 2012 年 10 月下旬に現地で訪花昆虫の調査ができた。

　ある種で初めて本格的に訪花昆虫の調査をするときは，日の出前には現地に到着し，始めることにしている。そして可能な限り，一度は 24 時間の観察を行う。これは大変だが，条件の良い日に一度やっておくと，概ね何が来て，どの訪花者がポリネーターとなる可能性が高いかがわかる。

　オオママコナで初めて訪花昆虫調査を行う日も，日の出前に現地に到着して，群落の計測をした後，少し離れた場所でじっと待っていた。まだ朝日が林床を照らす前で薄暗い。気温は 10℃ に達していない。風はほとんどなく快晴である。10 分ほど待った時，ブン，と目の前を何かが横切った。博物館のある長居公園でもこの時期によく見かけるスズメガ科のホウジャクの仲間だ。おお，こんなところでも会えたか，と思い飛行して行った先を見ると，すっとオオママコナの群落内に入っていった。数秒後，観察していた範囲にもホウジャクの仲間が。ホシホウジャクだ。花の前で，一瞬ホバリングで停止した後，花に近づき口吻をすっと花の奥に入れた。オオママコナの花は長い。ホシホウジャクはホバリングしながらぐっと奥まで口吻を刺しこむ。すると，ちょうどホシホウジャクの頭部が葯の真下に入った。その時，上から花粉がぱふっと落ち，ホシホウジャクの頭にかかる。頭を真っ白にしたホシホウジャクは次の花へ。ここまで一瞬の出来事である。気が付くと，幅 10 m ほどのオオママコナ群落内にホシホウジャクが 5 頭ほど来ており，次々と花を訪れて行った（図 3）。

　調査初日はお昼頃でいったん調査を打ち切ったが，初回の調査からかなりの数の訪花昆虫を確認することができた。結果として訪花者のほとんどがホウジャク類，特にホシホウジャクだった。他にハナアブ類も来ていたが，葯まわりの花粉をなめとっていくだけであまり送粉に貢献しそうにない。どうやらオオママコナで花粉を運ぶポリネーターとして機能しているのはホウジャク類で間違いなさそうだ。その後の調査で花筒の長さと，ホシホウジャクの口吻の長さがおおむね一致していることも明らかになった。オオママコナの花の長さは，昼行性のスズメガ科であるホウジャク類に適応したものである，ということが言えそうだ。

シコクママコナにトラマルハナバチ。ヤクシマママコナには……？

オオママコナとは逆に花が短くなったママコナもある。屋久島の 1400 m 以上の高地に分布するヤクシマママコナである（図 4-a）。8〜9 月にかけて登山道を歩くと，道に沿ってピンクのかわいらしい花を見ることができる。ヤクシマママコナは北海道南部から九州まで分布しているシコクママコナの変種とされ，苞の形が異なるほか，花の長さがシコクママコナよりもかなり短くなる。さらに面白いことに，九州南部のシコクママコナはトラマルハナバチがポリネーターとなっているが，屋久島ではトラマルハナバチは分布せず，唯一分布するマルハナバチであるコマルハナバチはママコナが開花する夏にはほとんど見られなくなる。屋久島の高地で咲くヤクシマママコナの花にはいったい何が来ているのだろう。

ヤクシマママコナの調査は 2013 年からはじめた。こちらはオオママコナとは違って，生育地に関する情報や写真などはインターネット上でもあふれており，とにかく屋久島の高地に行けば見られる，ということだった。ただ屋久島では，特に高地で天候が悪い日が多く，加えて私は雨男である。やはりこちらの調査もなかなか順調には進まなかった。

調査を始める前の予想では，口吻の短い，マルハナバチではないハナバチが花に来るだろうと考えていた。しかし調査をしてみると，小さなハナアブが花粉をなめに来ることがほとんどだった（図 4-b）。ごくまれにコハナバチ科のハナバチが訪れるが，蜜を吸いに行くわけではなく，花粉を集めていくのみであった。10 時間以上調査をしても，吸蜜をする昆虫が全く来ない。これは変だ。

衝撃の事実

そこで蜜を本当に分泌しているのか調べてみることにした。蜜量は，花の奥の蜜腺付近に細いガラス管を差し込み，蜜を吸い取って計測するが，シコクママコナではこのような方法で計測すると，1 花あたり 0.1〜0.3 μl ほどの蜜が採取できる。ヤクシマママコナではどうだろうか？　新しく咲きそうなつぼみをもつ株にネットをかけておいて，花が咲いた日に蜜を採取してみた。すると，全く蜜が採れない。ミスをしたかと思い，いくつもの花で試してみたがやはり蜜は採れなかった。どうやら，ヤクシマママコナは蜜をほと

図3　オオママコナに訪花するホシホウジャク
吸蜜時に頭部が葯の真下に入る。早朝，咲いたばかりの花に訪花した時には大量の花粉が頭部に落ちる。

んど出していないようだ。マルハナバチ媒花の代表のようなママコナ属で，まさか蜜を出していないものがあるとは……。これは驚きだった。ヤクシママコナはマルハナバチのいない環境で，蜜を利用しない昆虫に送粉を依存することになった結果，このような特殊な形の花になったのではないか。シコクママコナの変種とされるヤクシママコナは，対岸の九州本土に分布するシコクママコナの生態とは大きく異なるもののようだ。

　まだまだ調査は途中であるが，前に述べたオオママコナに関しては，花以外の形態は近畿地方南部のシコクママコナとほぼ同じであることもわかってきた。DNA解析による裏付けも必要だが（現在実施中である），オオママコナは北海道から九州まで分布しているシコクママコナの集団の1つといえるかもしれない。ヤクシママコナもシコクママコナの変種であり，九州本土のシコクママコナとは近縁である。全く別の地域で，花の形も違うママコナの調査をしてきたが，実はすべてシコクママコナという種の範疇に収まるものかもしれない。そう考えると，オオママコナは紀伊半島南端部に分布しており，近畿地方のシコクママコナの分布域の南端に当たる。ヤクシママコナは日本におけるシコクママコナの分布域の南端である。つまり，いずれもシコクママコナという種の分布の端っこで変な形の花をもつ集団がある，ということになる。さらに，やはりシコクママコナの分布の端っこで，新たに変な形の花をもつ集団も見つかった。これは面白くなってきた。

図4　ヤクシマママコナと送粉者
a: ヤクシマママコナ。屋久島のおよそ 1400 m 以上の高地に分布する。b: ヤクシマママコ
ナに訪花する *Melanostoma* sp.。訪花昆虫の多くはこのハナアブの一種で花粉を食べていく。
送粉効率はあまりよくないかもしれないが，訪花個体数は多い。

　……しかしふと目の前の机を見ると，学芸員としての仕事も山積みである。
博物館では自身の研究は，標本整理や，普及行事，毎日の雑用の合間を縫っ
てやっていかなければならない。なかなか思うように進んではいないが，焦
らずに 1 つ 1 つシコクママコナの花の形の謎を解明していきたいと思って
いる。
　……とはいえ，今日も雑用ばっかりで，あまりデータ整理も標本整理も進
まなかった。もう帰らないといけない時間だけど……，机の周りに積み上げ
られた植物や訪花昆虫の標本がこちらをじっと見ている気がする……。

謝辞

　本研究は，ママコナ生育地の地域の方をはじめとして，多くの方のご協力
のもと実施しています。支えてくださったすべての方に深く感謝します。な
お，本研究は JSPS 科研費（JP24770085）の助成を受けたものです。

引用文献

Cresswell, J.E. 1998. Stabilizing selection and the structural variability of flowers within
　　　species. Annals of Botany **81**: 463-473.
Hiei, K. & K. Suzuki. 2001. Visitation frequency of *Melampyrum roseum* var. *japonicum*
　　　(Scrophulariaceae) by three bumblebee species and its relation to pollination

efficiency. *Canadian Journal of Botany* **79**(10). 1167-1174.

Inouye, D. W. 1980. The effect of proboscis and corolla tube lengths on patterns and rates of flower visitation by bumblebees. *Oecologia* **45**(2): 197-201.

Kwak, M. M. 1988. Pollination ecology and seed‐set in the rare annual species *Melampyrum arvense* L. (Scrophulariaceae). *Acta Botanica Neerlandica* **37**(2): 153-163.

責任編集者・執筆者一覧 (五十音順)

新垣則夫 （沖縄県農業研究センター：第2章担当）

奥山雄大 （国立科学博物館：第3章担当）

柿嶋　聡 （国立科学博物館：第3章担当）

川北　篤 （東京大学大学院理学系研究科附属植物園：第1章，コラム2担当，責任編集者）

小林　峻 （琉球大学理学部：第8章担当）

武田和也 （京都大学生態学研究センター：第7章担当）

長谷川匡弘 （大阪市立自然史博物館：コラム4担当）

船本大智 （東京大学大学院理学系研究科：第4章，コラム1，コラム3担当）

望月　昂 （東京大学大学院理学系研究科附属植物園：第5章，第6章担当）

山﨑絵理 （チューリッヒ大学進化生物・環境学研究所：第10章担当）

若村定男 （京都先端科学大学：第2章担当）

渡邊謙太 （沖縄工業高等専門学校：第9章担当）

【和名】

■ア行

■カ行

248

動物名索引
太字の数字は写真掲載ページを示す

事項索引

種生物学会（The Society for the Study of Species Biology）

植物実験分類学シンポジウム準備会として発足。1968 年に「生物科学第 1 回春の学校」を開催。1980 年，種生物学会に移行し現在に至る。植物の集団生物学・進化生物学に関心を持つ，分類学，生態学，遺伝学，育種学，雑草学，林学，保全生物学など，さまざまな関連分野の研究者が，分野の枠を越えて交流・議論する場となっている。「種生物学シンポジウム」（年 1 回，3 日間）の開催および学会誌の発行を主要な活動とする。

●運営体制（2019 ～ 2021 年）

　　会　　　長：陶山　佳久（東北大学）
　　副 会 長：西脇　亜也（宮崎大学）
　　庶務幹事：富松　　裕（山形大学）
　　会計幹事：堂囿いくみ（東京学芸大学大学）
　　学 会 誌：英文誌　Plant Species Biology
　　　　　　　編集委員長／大原　雅（北海道大学）
　　　　　　和文誌　種生物学研究（発行所：文一総合出版，本書）
　　　　　　　編集委員長／川北　篤（東京大学）
　　学 会 H P：http://sssb.ac.affrc.go.jp

花と動物の共進化をさぐる
身近な野生植物に隠れていた新しい花の姿

2021 年 9 月 30 日　初版第 1 刷発行

編●種生物学会
責任編集●川北　篤

©The Society for the Study of Species Biology　2021

カバー・表紙デザイン●村上美咲

発行者●斉藤　博
発行所●株式会社　文一総合出版
〒 162-0812　東京都新宿区西五軒町 2-5
電話●03-3235-7341
ファクシミリ●03-3269-1402
郵便振替●00120-5-42149
印刷・製本●奥村印刷株式会社

定価はカバーに表示してあります。
乱丁，落丁はお取り替えいたします。
ISBN978-4-8299-6208-4　Printed in Japan
NDC 468　判型 148×210 mm 256 p.